# 原则不变
# 方法随你

王刚毅 著

广东旅游出版社

GUANGDONG TRAVEL & TOURISM PRESS

悦读书·悦旅行·悦享人生

中国·广州

**图书在版编目（CIP）数据**

原则不变，方法随你 / 王刚毅著. — 广州：广东旅游出版社，2013.12
（2024.8重印）

ISBN 978-7-80766-723-0

Ⅰ.①原… Ⅱ.①王… Ⅲ.①成功心理－通俗读物 Ⅳ.①B848.4-49

中国版本图书馆CIP数据核字（2013）第264094号

**原则不变，方法随你**
YUAN ZE BU BIAN，FANG FA SUI NI

| | |
|---|---|
| **出 版 人** | 刘志松 |
| **责任编辑** | 李　丽 |
| **责任技编** | 冼志良 |
| **责任校对** | 李瑞苑 |

**广东旅游出版社出版发行**

| | |
|---|---|
| **地　　址** | 广东省广州市荔湾区沙面北街71号首、二层 |
| **邮　　编** | 510130 |
| **电　　话** | 020-87347732（总编室）　020-87348887（销售热线） |
| **投稿邮箱** | 2026542779@qq.com |
| **印　　刷** | 三河市腾飞印务有限公司 |
| | （地址：三河市黄土庄镇小石庄村） |
| **开　　本** | 710毫米×1000毫米 1/16 |
| **印　　张** | 15 |
| **字　　数** | 210千 |
| **版　　次** | 2013年12月第1版 |
| **印　　次** | 2024年8月第2次印刷 |
| **定　　价** | 68.00元 |

本书若有倒装、缺页影响阅读，请与承印厂联系调换，联系电话 0316-3153358

人们常说"欲做事，先做人"，做一切学问，办一切事情，归根结底都要落到做人上。做人和做事，原本密不可分，做人就是做事，做事就是做人。如果说有所区别的话，它们是人生的表里两面，做事为表，做人为里。做人的品格、习惯、趣味、才识等等，都会通过工作和生活中大大小小的事情体现出来，而做事的风格、倾向、价值、质量等等，也体现了做人的一贯素养。

做事先做人，通过修炼自身而追求事业的成功，这是古今中外智者们的选择。

"软件霸主"比尔·盖茨说："一个人做事情有多大成就，取决于他如何做人。"

"联想巨人"柳传志说："小公司做事，大公司做人。"

日本三井公司总经理池田成彬说："德是根本，财是末端。"

美国成功学家拿破仑·希尔说："任何不是建立在真理和正义之上的事，既不可能成功，也不可能赚钱。"

"华人首富"李嘉诚说："世界上每一个人都精明，要令人家信服并喜欢和你交往，那才最重要。"他还说："绝不同意为了成功而不择手段，即使侥幸略有所得，亦必不能长久。如俗话说，'刻薄成家，理无久享'。"

所以说，做事先做人。先做人，就需要我们做人要有自己的原则和底线。遵守了做人的原则，我们才能跟别人和谐相处，才能让自己左右逢源。

做好了人，我们才能更好地做事。但做事也是有方法的。

同一件事情，有的人可能花一天的时间就能完成，而有些人可能要花两天甚至更长的时间，这就是所选的方法不同的缘故。选不同的方法，有些人可能会事半功倍，有些人可能会事倍功半，所以说，做事的方法也是很重要的。

本书就是从做人和做事这两个角度出发，给读者阐述了做人该有的原则和做事该用的方法。

坚守住做人的原则，原则不变；选择好做事的方法，方法随你。那么，你还有什么理由不成功呢？

contents

# 目录

## 第一章 做人有原则，原则是处世的标准

为人处世要想获得成功，必须坚持基本的原则，比如说诚心待人、虚心处世，在人情往来上必须做到平等互惠，在与朋友交往中切不可见利忘义等等。如果我们在处世过程中轻易破坏原则，就会在人生之旅中寸步难行。

## 第二章 原则就是做人的基石

做人离不开一定的原则，原则是做人的基石。坚持做人的原则关系到一个人的行为动机，关系到做事的成与败。坚持做人的原则就是要坚持基本道德准则和人格标准，比如说为人

要坚守诚信，保持人格的独立，不可背叛自己的诺言，否则为了满足个人的欲望而放弃自己的底线，甚至破坏自己的原则，就会使自己走向失败的深渊。

## 第三章　抬头、低头皆有原则

人生在世，抬头、低头都必须有自己的原则。"弓过盈则弯，刀过刚则断"，抬头没有原则，就会使自己成为一个头脑发热的莽夫，轻易被别人所击败；低头没有原则，就会使自己做事没有底线，处世没有立场，成为一个随意被别人所伤害的懦夫。

## 第四章　尊重并遵守别人的原则

　　每个人都有自己的原则，每个人的原则都不能轻易被他人逾越。不遵守他人的原则意味着对他人人格和利益的伤害，这是每一个人都不愿意接受的。因此，要想使自己与他人的关系和谐，就必须正确遵守他人的原则，在对方可接受的范围内做出正确的言行。

## 第五章　原则不变了，该选方法了

　　当确定了我们做人的原则之后，我们就该寻找解决问题的方法了。在做事的过程中难免会遇到这样那样的问题，当遇

目录 contents

到问题的时候，我们该采用什么样的方法才能将问题又好又快
地解决，才是我们在做事的时候必须认真考虑的。

## 第六章　成功的捷径在于方法的选择

都说"条条大路通罗马"，同样一件事，两个人都能完
成，可是为什么其中一个人用的时间比另一个人少呢？因为他
选对了方法。所以说，方法对想要成功的人而言非常重要，选
对了方法，你就可以少走很多弯路，你就会比别人更早地获得
成功。

## 第七章　问题需要解决，方法需要寻找

每个问题都有一个关键点，那就是能"牵一发而动全
身"的地方。这个地方的最大特点是：它是一切矛盾的汇集
处。抓到"牵一发而动全身"的地方，解决了它，其他的问题

就会迎刃而解。

## 第八章　与人交往，左右逢源有方法

在我们的生活中，我们会遇到各种各样的人，老板、同事、客户、朋友，那么，我们该如何与他们交往？我们怎么做才能得到他们的认可？这是我们需要考虑的问题，也是本章所要阐述的重点所在。

## 第九章　战胜自己有方法

让自己强大起来，才不会在做事的过程中唯唯诺诺、犹豫不决。让自己强大起来，战胜自己，那么你收获的不仅仅是自身的改变，还有即将到来的成功。

# 第一章
## 做人有原则，
## 原则是处世的标准

为人处世要想获得成功，必须坚持基本的原则，比如说诚心待人、虚心处世，在人情往来上必须做到平等互惠，在与朋友交往中切不可见利忘义等等。如果我们在处世过程中轻易破坏原则，就会在人生之旅中寸步难行。

## 平等互惠是基本原则

人与人之间的交往是一种平等互惠的关系，你怎样对别人，别人就会怎样对你。你帮助我，我就会帮助你。正所谓"投之以桃，报之以李"，一个人只有大方而热情地帮助和关怀他人，他人才会给予回报性的帮助。所以你要想得到别人的帮助，你自己首先必须帮助别人。

主动地帮助他人，伸出援助之手，是会交际者常用的一种姿态。俗话说，患难见真情，当你伸出援助之手的时候，尤其是对方急需要一只手的时候，就更能让人感受到交往的力量。你向别人伸出一只手，别人也会向你伸出一只手。

有一个人在离开人世的时候，请求上帝允许他提前参观一下天堂和地狱，以便作出比较，从而能聪明地选择他的归宿。他首先来到魔鬼掌管的地狱。乍一看，令他十分吃惊，他简直不敢相信自己的眼睛。因为地狱并非他想象中的那么可怕，他看到的是，所有的人都坐在酒桌旁，桌上摆满了各色美味佳肴，包括肉类、水果、蔬菜。

然而，当他走近仔细观察那些人时，竟然发现没有一张笑脸，也没有伴随盛宴的音乐或狂欢的迹象。坐在桌子旁边的人看起来都闷闷不乐、无精打采，而且瘦得只剩皮包骨了。原来在每人的左臂都捆着一把叉，右臂捆着一把刀，刀叉都有四尺长的把手，不能用它们来吃食物，所以即使每一样食物都有，并且就在他们手边，结果他们还是吃不到，一直在挨饿。

然后，他又去了天堂，没想到景象其实跟地狱完全一样——同样的食物、刀、叉和那些四尺长的把手。然而，天堂里的居民却都在唱歌、欢笑，个个像天使一般满面春风、神采飞扬。这位参观者不知道为什么这样，他奇怪为什么情况相同，结果却如此不同呢？地狱里的人都在挨饿而且可怜兮兮，可天堂里的人却酒足饭饱而且很快乐。带着一脸疑惑，他走近观察，最后终于找到了答案。原来，地狱里的每个人都是试图自己吃，可是一刀一叉以及四尺长的把手是根本不可能把食物送到自己嘴里的。而天堂里的每一个人却都在喂对面的人，同时也津津有味地吃着对面的人喂来的食物。因为他们彼此互相帮忙，结果也帮助了自己。

你帮我，我帮你，互相帮助，人与人的往来，环环相扣，帮助别人其实就是帮助自己。这就是所谓助人助己的道理。

崔建的太太要生小孩了，他扔下电话，跳进公司的那辆破车就往外冲。"你上不了山的，车太老了！"同事在后面喊。"没办法，只好冲冲看了！"果然，一开始爬坡，车就吃不消了，但居然侥幸地过了几个坡，眼看就要冲上最后一个坡了，一个提着木箱的人过来拦车："能不能带我一程？箱子太沉了！"崔建不予理会，一直往前冲，心想："我自己都不一定过得去呢。"但就在即将冲上山头的那一刻，车停住了，无论怎么踩油门都无济于事，并且开始往下溜。

崔建索性退回去，准备再次冲刺。刚才半路碰到的那个人，还回头对他笑呢。崔建觉得对方在嘲笑自己，心里狠狠地骂了一句，就再次往上冲。这次，奇怪了，就在差一点的时候，车居然缓慢地上了山头。崔建正兴奋，却猛然发现车后站着那个人，满脸通红，气喘吁吁。"刚才是你帮我？""嗯，你……能不能带我一程，我赶着去帮人接生！"

上面的小故事给我们的启示很清晰，如果你帮助其他人获得了他们需要的东西，你也会因此而得到自己想要的东西，而且你帮助的人越多，你得到的也越多。

在中国历史上，辅佐周朝建立不朽功业的奇人姜太公就曾经对周文王说："天下不是一个人的天下，而是天下人的天下。同享天下利益的人得天下，私夺天下利益的人失天下。"又说："与人同病相救，同情相成，同恶相助，同好相趋。所以没有用兵而能取胜，没有冲锋而能进攻，没有战壕而能防守。不想获得民心的人，却能获得民心；不想取得利益的人，却能得到利益。"

助人为乐乃快乐之本。不论在生活中还是工作中，对人友好，才能换来别人的善待，尊重他人才能换得他人的尊重。所以，爱人就是爱己，利人就是利己，助人就是助己。反之，刻薄他人就是刻薄自己，毁谤他人就是毁谤自己，损害他人就是损害自己。

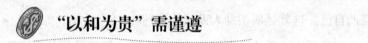

## "以和为贵"需谨遵

"和"是中国传统哲学中一个影响深远的理念，这种理念渗透在人们心中，表现在各个领域。

"和"首先是一条经世致用的原则。

儒家有句名言叫作"和为贵"；兵家有个理论叫作"天时不如地利，地利不如人和"；治家者有一条经验"家和万事兴"；经商者有个信条"和气生财"；治国者讲究和平。由此可见，谋"和"是人生的一项重要组成部分。古往今来，"和"是贤者仁人所追求的境界。在我们周围可以找到许多以和为贵的凡人，在历史上，谋"和"，宽容、大度的例子更是屡见不鲜，这一切无不在昭示人们"以和为贵"。"和"能平息仇恨的怒火，使死对头之间不再冤冤相报，化干戈为玉帛，相逢一笑泯恩仇，握手言和。

日本人也很重视"和"，甚至有的企业家把它当作自己的经营理念和企业精神。但中国人主张的"和"与日本人所尊崇的"和"有所不同。日本人的"和"是指完全抛却自己的主张，众口一词，赞同团体的意见，最终达成一致的看法。这种意思比较接近孔子提出的"同"。"同"是没有自己的意见，盲目附和别人的态度，人云亦云。孔子说："君子和而不同，小人同而不和。""和"是指一方面坚持自己的独立自主，另一方面又能与周围的人相互协调，"和则生物，同则不济"。

"以和为贵"也是治国者的方略，因为它蕴含了和平、太平、平安之意。治国者都希望国内太平，永无纷争；国家之间"和平发展"，没有战争。林语堂认为"和平"是人类的一种卓越认识，中国人尤其酷爱和平，不爱挑起战争，因为我们是理性的民族。受"和为贵"理念的浸润和熏陶，使得人们从小就养成一种以和为贵的人生理想，中国人不嗜战争，一名寻常中国儿童能知一般欧洲白发政治家所未知之理，这就是不管战争是为国家还是为个人都会使人残肢断体、丧失生命。

"和为贵"也体现在人与自然环境的"和谐"上。社会的进步，科技的发展，极大地提高了人类的生活水平和质量，但同时也带来了许多负面影响和危害，空气污染、资源枯竭、环境恶化……人与自然的矛盾日益突出，用"和"的理念来调整人们的思想意识，指导人们去行动，实现人与自然的和谐。

"和"在今天仍是一条协调人际关系的重要原则。社会生活的多样化、复杂化使得人与人之间产生种种不和，不和就会产生分歧，有了分歧就会导致摩擦，摩擦导致矛盾，矛盾激化就会导致争斗。特别是当人们之间有利益冲突时，争斗就难免了，而且斗的方法也举不胜举。有明争也有暗斗，不管是哪种相斗方式都会伤了彼此间的和气，造成不必要的损失。

做人应求"和"，而不求"同"，要和而不同。提倡"和"，不是要求人们都抱成一团，讲求一团和气，无原则立场地妥协和谦让，而是为了追求一种团结进取的和谐的人际关系，追求工作上的互帮互助的氛围和对人对己宽容大度的气量。"和"是成就大业的良好环境，是每个人都渴望追求的目标。一个和睦的家庭，会令人感到温暖；一个和谐的人际关系，会使人感到舒畅；一个和平的环境，能使人安心地搞建设；一个祥和的气氛，让人间充满了温暖。

## 见利忘义不可取

俗话说："滴水之恩，当涌泉相报。"别人对我们的帮助和好处，我们一定要谨记在心，懂得感激。因为别人的帮助不是"理所当然"的，世界上没有谁对我们的帮助是理所当然的，这点点滴滴的都是人情，不但要心存感激，还应以同样的爱心去关怀别人。

我们把太多的事情视为理所当然，因此心中毫无感激之念。既然是顺理成章的，我们何必感激？一切都是如此，是应该的，是我们有权利得到的。

程朱理学家张扬园说："我有德于人，无论大小，都要忘记。人们有德于我，虽然小也不能忘记。"又说："处在贫贱的时候，不可轻易累及他人，累及于人就失去了义。处在富贵的日子，就应当有报答他人的念头，不然就危害了仁。"

每个人的成功，都离不了别人的帮助。知恩图报，是理所当然的选择。最低限度，也不能以怨报德，陷害自己的恩人，这种行为是最为人所不齿的。然而在生活中，却还是有一些小人会为了自己的利益而出卖帮助过他的人。

唐玄宗时，名相姚崇很受皇上信任，皇上经常和他一起商议重大国事。

姚崇未做宰相时，曾发现下属官员魏知古很有才能。魏知古在当时只是一个小角色，没有显赫的家世，也没有雄厚的财力，只能凭着努力一步步向上攀爬。姚崇向唐玄宗推荐魏知古，唐玄宗叫他在适当之时可以提拔魏知古一下。姚崇便经常让魏知古去办理较难办的事宜，给他一个立功的机会。魏知古凭借才能，每次都办理得很好，于是屡获升迁。最后，他跟姚崇一样也当上了宰相。不过他是副职，还是要听姚崇的领导。

　　不久，姚崇请魏知古代理吏部尚书，负责到洛阳选拔官员。吏部尚书宋璟坐吏部第一把交椅，而魏知古只是代理而已，屈于人下的耻辱使魏知古很恨姚崇，总想找个机会报复他一下。

　　当时姚崇的两个儿子都在洛阳任职，听说魏知古到洛阳选官，二人就去见魏知古说："您是我父亲一手提拔起来的，如今也该是您报恩的时候了。这次选拔官员还希望您多多照顾，我父亲也不会忘记您的好处！"

　　魏知古一听，心想："你们这不是拿你们的父亲来压我嘛，本来对你们的父亲我就心怀不满了，现在又受你们两个小子的气，真是岂有此理！"

　　但他没有发作，而是一副笑脸对两人说道："我会尽心尽力地做好每一件事，让朝廷放心，让姚相国放心！"

　　魏知古回到京城后，把这件事密报给唐玄宗。玄宗为此很生气，但一想可能姚崇根本就不知道这件事，就没有马上发作。

　　一日，玄宗召见姚崇，劈头问道："你的儿子才干如何？现在任职何处？是什么职务？"

　　姚崇想了想，心里明白了玄宗的大概意思，便说："两个儿子都在洛阳任职，其才能均属下乘。可能他们向来言语不谨慎，此次魏知古去选拔名士，两人一定是去拜谒了魏知古，然而臣还未来得及问这件事。"

　　玄宗本来想试探姚崇，看他是否会偏袒自己的儿子，见他如此说，心里很高兴。便又问道："的确有此事，但你是如何知道的呢？"

　　姚崇说："魏知古默默无名时，是我向您推荐他、重用他，才使他达到今天荣耀显达的地位，我并不曾想过要他报答我什么。无奈我的两个儿子愚蠢透顶，认为魏知古必会报恩，能容忍他们的非分之想，所以，一定会去请托他。唉，我的两个儿子是多么无知啊！"

　　玄宗听完姚崇的一席话，既明白了他不偏袒自己的儿子，又很鄙视魏知古的无情无义、恩将仇报。

不久，玄宗就罢免了魏知古的职务。

"滴水之恩，必当涌泉相报"，魏知古是姚崇提拔上来的，他应该对姚崇心存感激。即使不报恩，也无须报怨！从公事出发，他完全可以不答应姚崇儿子的要求，私下里向姚崇说明这件事，让姚崇教训儿子，大可不必跑到皇上那里去告密状。假如唐玄宗偏听偏信，是极可能使姚崇受到伤害的。可见魏知古并不是什么正人君子。可惜他以怨报德的诡计没有实现，反而丢了官，真是自取其辱！

人在社会上行走，绝不可见利忘义，向帮助过自己的人下手。以怨报德这种行为，是为人所十分痛恨的。一旦让人知道你做了以怨报德的事，所有人都宁可成为你的仇人，也不愿成为你的恩人。失去了别人的帮助，又遭人鄙弃，还怎么在社会上混呢？

## 🔘 处世当诚信

孔子讲"民无信不立"。信用是一种承诺、一种保证、一种真诚。诚信，就是要说真话、道实情、守信用、讲信任、说话算话。在中华民族博大精深的文化底蕴中，"诚信"二字的分量可谓沉甸甸。因为讲诚信，刘备实现了"我得军师，如鱼之得水也"，他充分信任、重用诸葛亮，最终成就了一番事业；同样因为讲诚信，诸葛亮知恩图报，辅助后主，力保蜀汉政权，鞠躬尽瘁，死而后已；还是因为讲诚信，关羽铭记"桃园结义"的誓言，"身在曹营心在汉"，"千里走单骑"，历尽千辛万苦也要回到刘备身边。人们崇拜诸葛亮，敬仰关羽，就是崇拜、敬仰他们这种诚信的可贵品质。

不管在哪个时代，人都不能离群索居。人和人之间要有顺畅的交流、沟通，彼此寻求寄托与抚慰，这是对个体存在的认同，更是对生存状态的肯定。而彼此认同的产生其实就是一个彼此信任、互相接纳、多元包容的过程。作为社会的最小个体，我们不能要求别人守承诺，但我们自己却应做到真诚守信，信任他人。中华民族乃礼仪之邦，向来都是重信守诺，是讲"信用"的民族。在传统社会里，我们的伦理道德观念中信用的核心是强调忠诚，朋友的信义、妻子的忠贞、臣民的忠实等。在市场经济条件下，信用是指一个人的资信记录，是指一个人的负责任能力，不是简单的道德人品问题。信用是一个人内在气质的反映，是衡量一个人综合素质的重要指标，是一个人发展的必备品德。

诚信是一种情感的表达。无论是夫妻、朋友、同事甚至陌生人，良好的沟通与交流讲求的都是真情流露，这是建立在真诚表达的基础之上的。现在，社会越来越开放，人际交往越来越频繁，要获得别人的情感认同，不断取得他人的信任，就应该"己所不欲，勿施于人"，"己欲立而立人"，从小事做起，友善待人。因为，不管时代怎么变，为人处世的基本准则不会变，也不能变。

20世纪著名的心理学家马斯洛在对大量著名人物研究的基础上，总结出了有成就者的健康个性特征，其中第一点就是能与现实建立比较愉快的关系，厌恶虚假的东西和人际关系中不真实的行为；自发、纯朴、天真，率性而发，自然流露。马斯洛还指出，一个人要走向成功或走向健康有八条途径，其中一条是与诚实相关，如当有怀疑时，要诚实地说出来，而不要隐瞒，在许多问题上反躬自问都意味着承担责任。真诚是成功者的必备素质，是一个人成功的潜在力量，它将使你与众多的人建立密切和谐的关系，为生活大厦打下坚实的基础。

一个守信用的人，他的自我是纯真的、稳定的、健康的，体现出一种理想的道德力量和意志力量，为他人所信赖。率真是真诚的另外一种重要的品质，它指的是一个人能如实地展现自己，不自欺欺人，这是建立在真实基础上的自尊自重。莎士比亚在《哈姆雷特》中写道："对自己要诚实，才不会对任何人欺诈。"因而，真诚和守信用是一个人自尊自重的表现。

诚信的基础是信用。诚信就像是一辆直通车，选择的是沟通心灵的最佳路径，唤起的是一种大家发自肺腑的参与感、认同感和荣誉感。

信任和真诚是相互的、一致的。所谓"信，诚也"，指的就是心口合一。一个人必须先做一个真诚和守信用的人，然后才能获得他人的信任。中国历来有"一诺千金""言必信，行必果"的说法，指的就是做人要重诺言、守信用。诺言之所以能成为力量，是因为守信用。社会秩序是建立在人与人之间能相互遵守约定的基础上的。种种约定或约束，都是为了生活更有秩序、更加圆满。能否实践诺言，是衡量一个人精神是否高尚的准则，一切的道义、道德都表现在守约上。如果守约的精神日渐衰退，那么，社会各个层面的人都将深受其害。

 ## 不能放弃诚信的底线

要做事做生意，必须先学会做人，事可以不做，生意可以不做，人却不可不做，连人都做不好，其他都是奢谈。对于立志实现财富梦想的每一位创业者来说，首先要修的课程便是诚信。

信誉是无价之宝，古人云：一诺千金。能够取得别人的信任，方能建立良好的信誉；辜负了别人的信任，就是自己毁坏了自己的信誉。

为了说明这个道理，先听一位朋友讲述一个在他的生活中发生过的一件虽然很小但却值得人思考的事情：

"在我住所附近有一个农贸市场，其中有一个卖鸡蛋的妇女，看起来很老实，过去，我经常在她那儿买鸡蛋，因为各摊位的价格没太大差别，她的摊位离我的住所最近，我也便就近购买，所以我也算是她的一个老主顾了。

"有一次，我又在她那儿买鸡蛋，就在她给我往纸袋中装鸡蛋的时候，我突然想起还有一样东西要买，便对她说：'你先装吧，我去那边买个东西就来。'

"买了东西回来，我想也没想，拿起她为我装的鸡蛋就付钱走人。可是，等我回到住所再仔细看那些鸡蛋，发现其中隐藏了几颗破蛋，气得我大骂：'真是遇见坏蛋，买来坏蛋！'

"虽然这样的小事我不值得和那种市侩小贩去理论，但是，以后我再也不到她那儿买鸡蛋了，宁肯去远点的地方买，宁肯买贵的，也不买她的，因为我觉得她辜负了我的信任，太让人伤心了。如果说这也算是一种惩罚的话，我就用这种方式来惩罚她，让她为自己的不良行为付出代价。

"那个小贩不知算过这个账没有，她给我夹带了几颗破蛋，占不了多少便宜，顶多赚个几块钱，但是，她却失去了一个老主顾，失去了一个总让她赚钱的人，而且是永远地失去了，这些损失加起来，比她那次耍小聪明多占我的那一点便宜不知要大几千倍、几万倍，这真是占小便宜吃大亏。而且，她失去了我对她的信任，这是金钱所无法估量的，是永远也无法弥补的。"

这件事虽小，但却揭示了一个很重要的道理。在许多大事上，这个道理也同样普遍存在。

信任是政治家的立身之宝，常言道："得人心者得天下，失人心者失天下。"古往今来，无数历史演变、朝代更迭，无不说明了这一真理。失去人心的统治者也许会借助暴力来苟延残喘，但最终还是免不了覆亡的命运，这是历史的必然。

不管是从政、经商，还是做人，都不要忘记了这句话："信任不可辜负。"要想在商界成就一番事业，实现财富的梦想，尤其要牢记这句话。

在生意场上，信用是有价的，比如银行视某人的经济实力、还款能力特别是信用记录情况，可以给其一定数额的信用额度，也就是说，他可以在这个额度以内从该银行凭信用无抵押取得一定数额的贷款。但是，信誉是无价的，讲信誉、有信誉的人，别人愿意与他做生意，乐于与他做生意，而不讲信誉、信誉不佳的人，人们避之唯恐不及，还谈什么与他合作做生意？

在南京有一个叫陈东的个体商贩，在金桥市场（南京最大的服装辅料市场）

做拉链生意。有段时间，南京女孩子流行穿高腰裤，这种裤子需要配一种隐形拉链。当时市场上各种劣质拉链很多，有的拉得上去拉不下来，有的裤子穿上才两天，拉链就裂开了。为此，消费者经常投诉厂家及供应商。

当时，福建有个台商生产的一种拉链质量很好，市场反映良好。陈东就想做这个产品在南京的代理。他往福建跑了四趟，都被这家企业挡回来了。根本原因是实力小，大厂家不相信像他这样的个体户。

有一天，店里来了一个操闽南口音的外地服装厂的采购员，要10万条拉链，并说最好是福建某品牌的仿制品，在某地的大市场上有，陈东只要帮他弄过来就行。现钱现货，价格也很有诱惑力。陈东说可以帮他联系正牌产品，但坚决不卖假冒的产品，即使关门也不卖假。客户软磨硬缠了一个上午，开出种种诱惑条件，但陈东依然不为所动。后来，客户递过来一张名片，原来此人就是福建那家台资拉链企业的董事长。他是专程来江苏找代理商的。他用上面那种方法，好多大商家都禁不住诱惑，而陈东却坚持自己的原则，禁受住了利益的考验，不赚那些不正当的利润。

由于陈东良好的信誉，该老板当即决定将江苏的代理权给陈东。现在，光一毛多钱一根的拉链，他一年就能做到五百多万元。这真是：有心栽花花不开，无心插柳柳成荫。可话说回来，陈东终归还是有心人，他有一颗诚实的心，他有诚信的意识，无论多大的诱惑，都不能破坏和改变他的这种意识，所以，他没有贪图小利，但最后却获得了大利。

## 谦虚谨慎方为真

周公曾告诫他的儿子伯禽说："品德高尚又保持恭敬的人，能获荣耀；土地广大富庶又能保持节俭的人，能获平安；地位尊荣又保持谦卑的人，能够显贵；人多兵强又保持敬畏的人，能打胜仗；聪明能干又保持愚笨的人，能够获利；博学多才又保持几分浅薄的人，能够益智。这六条，都是谦逊之德。即使贵为天子，富有天下，如果不谦虚，也会失去天下，身遭灭亡，夏桀、商纣就是最好的例子。天子都会因为不谦逊而致败，其他的人怎么能不谨慎呢？所以《易经》说：'有一种方法，大足以守住天下，中足以守住国家，小足以守住自身。'说的就是谦逊啊！天道总是毁损自满的人而补益自谦的人；地道总是扰乱自满的人而顺应自谦的人；鬼神总是祸害自满的人而降福自谦的人；人们总是厌恶自满的人而喜欢自谦的人。《易经》说：'保持谦逊，万事亨通，君子善终，大吉！'你好自为之吧！"

周公的话确实道出了为人处世的秘诀。可是要在生活中做到谦和待人，却并不容易。大凡一个人有了一点成就，在官不如自己大、钱不如自己多、名气不如自己大的人面前，难免有几分优越感，洋洋得意之下，哪顾得上谦逊呢？他们却没有想到，正因为别人地位较低，他摔一跤倒不要紧；正因为你地位高，从高处摔下来，就痛多了。不摔下来的唯一方法是：谦虚谨慎，戒骄戒躁。

有一次，田子方乘车赶路，与太子击相遇。太子击急忙下车，迎上前去，恭恭敬敬地行礼，田子方却端坐车上不动。太子击不高兴地说："不知道是贫贱的人有资格瞧不起人，还是富贵的人有资格瞧不起人？"

田子方说："当然是贫贱的人有资格瞧不起人，富贵的人怎么敢瞧不起人呢？国君瞧不起人，就要亡国；大夫瞧不起人，就要败家。至于贫贱的人，如果不得意，穿上鞋子就走，到什么地方得不到贫贱呢？所以，贫贱的人才有资格瞧不起人，富贵的人怎么敢瞧不起人呢？"

还有一次，太子击进见魏文侯时，宾客和大臣们都站起身，只有田子方端坐不动。魏文侯脸上有不悦之意，太子击也很不高兴。

　　田子方看出了父子俩的心思，不禁一笑，说："我为你站起来吧？似乎不合乎礼数；我不为你站起来吧？又有可能因此而获罪。请让我背诵一段书吧：楚恭王做太子时，想到云梦去，路上遇到大夫工尹，工尹忙躲进一户人家，避而不见。太子下车，来到这户人家门口说：'老先生，何必这样呢？我听说：尊敬父亲，不等于还要尊敬他的儿子。如果还要尊敬他的儿子，这是非常不吉利的。老先生何必这样呢？'工尹说：'以前我只认识你的外表，从现在起，我了解你的内心了。果真这样，你准备到哪里去？'"

　　田子方说完，魏文侯点头夸道："好！"

　　太子击上前背诵楚恭王的话，一连背了三遍，并表示一定要向楚恭王学习。

　　法国哲学家罗西法古说："如果你要得到仇人，就表现得比你的朋友优越吧；如果你要得到朋友，就让你的朋友表现得比你优越吧。"这句话真是没错。因为当我们的朋友表现得比我们优越时，他们就有了一种重要人物的感觉，但是当我们表现得比他们还优越时，他们就会产生一种自卑感，造成羡慕和嫉妒。有时候，我们的优越感，还会使自己处于尴尬的境地。

　　子贡去承地时，看见路边有一个穿着破衣烂衫、名叫丹绰的人。子贡上前，用轻慢的口气，漫不经心地问道："喂，这里到承地还有多远？"

　　丹绰默不作答。

　　子贡不高兴地说："人家问你，你却不回答，是否失礼？"

　　丹绰掀开身上裹着的破布说："看见别人却心存轻视之意，是否有失厚道？看见别人却不认识别人，是否有欠聪明？无故轻视侮辱别人，是否有伤道义？"

　　子贡一听此人出言不凡，顿时心生敬意，马上下车，恭恭敬敬地说："我确实失礼了！您刚才指出了我的三大过失，您还可以再告诉我一些吗？"

　　丹绰说："这些对你已经足够了，我不再告诉你。"

　　此后，子贡对人再也不敢起轻慢之心，在路上遇到两个人就在车上行礼，遇到五个人就下车行礼。

人人都有虚荣心。有的人为了一点虚名，什么事都干得出来；有的人为了一点小面子，不惜捋起袖子拼老命。反过来，如果你满足了别人的虚荣心，让他觉得有面子，就是对他最好的赞美，他一定会对你心存好感，并回报于你。

所以，十九世纪的英国政治家斐尔爵士告诫那些向他求教的人说："如果可能的话，要比别人聪明，却不要告诉人家你比他聪明。"

苏格拉底则告诉他的门徒一个圆滑处世的方法："我只知道一件事，就是我一无所知。"

如果连圣贤都不敢对人起轻慢之心，我们怎么敢轻视别人呢？

## 人情的账户需时时充值

人情就是财富。在人际交往中，见到给人帮忙的机会，要立刻主动去帮忙。这样，你就在不知不觉中为你的"人情账户"充入了一笔资金。

重视情意观念可以扩充你的朋友圈，会为你日后的发展带来意想不到的帮助。情意观念要像金钱观念一样，多多益善，这样才能左右逢源。求人帮忙是被动的，可如果别人欠了你的人情，求别人办事自然会很容易，有时甚至不用自己开口。做人做得风光的，大多与善于结交人、乐善好施有关。积累人情这一无形资本是人情关系学中最基本的策略和手段，是开发利用人际关系资源最为稳妥的方法。

钱钟书先生一生日子过得比较平和，但困居上海孤岛写《围城》的时候，也窘迫过一阵子。辞退保姆后，由夫人杨绛操持家务，所谓"卷袖围裙为口忙"。那时他的学术文稿没人买，于是他写小说的动机里就多少掺进了挣钱养家的成分。一天500字的精工细作，却又绝对不是商业性的写作速度。恰巧这时黄佐临导演上演了杨绛的四幕喜剧《称心如意》和五幕喜剧《弄假成真》，并及时支付了酬金，才使钱家渡过了难关。时隔多年，黄佐临导演之女黄蜀芹之所以独得钱钟书亲允，开拍电视连续剧《围城》，实因她怀揣老爸写的一封亲笔信的缘故。钱钟书是个别人为他做了事他一辈子都记着的人，黄佐临四十多年前的义助，钱钟书多年后仍然记在心里。

俗话说"在家靠父母，出门靠朋友"，多个朋友多条路。要想人爱己，己须先爱人。只有时刻存有乐善好施、成人之美的心思，才能为自己多储存些人情的债权。这就如同一个人为防不测，须养成"储蓄"的习惯，这甚至会让子孙后代得到好处，正所谓"前世修来的福分"。黄佐临导演在当时不会想得那么远、那么功利，但后世之事却给了他作为好施之人一个不小的回报。

卖个人情是一件很容易的事情，有时候甚至是举手之劳，并无一定之规。对于一个身陷困境的穷人，几十元钱的帮助可能会使他忍下极度的饥饿和困苦，或许还能干一番事业，闯出自己富有的天下。对于一个执迷不悟的浪子，一次促膝交心的帮助可能会使他建立做人的尊严和自信，或许在悬崖前勒马之后得以奔驰于希望的原野，成为一名勇士。就是在平和的日子里，对正直的举动送去一个赞赏的眼神，这一个眼神无形中可能就是正义强大的动力。对一种新颖的见解报以一阵赞同的掌声，这一阵掌声无意中可能就是对新思想的巨大支持。就是对一个陌生人很随意的一次帮助，可能也会使那个陌生人突然悟到善良的难得和真情的可贵，说不定他看到有人遭到难处时，会很快从自己曾经被人帮助的回忆中吸取勇气和仁慈去帮助别人。

其实，人在旅途，既需要别人的帮助，又需要帮助别人。帮人就是积善。

战国时代有个名叫中山的小国。有一次，中山的国君设宴款待国内的名士。当时正巧羊肉羹不够了，无法让在场的人全都喝到。有一个没有喝到羊肉羹的人叫司马子期，此人怀恨在心，到楚国劝楚王攻打中山国。楚国是个强国，攻打中山国易如反掌。中山国被攻破，国王逃到国外。他逃走时发现有两个人手拿武器跟随他，便问："你们来干什么？"两个人回答："从前有一个人曾因获得您赐予的食物而免于饿死，我们就是他的儿子。父亲临死前嘱咐，中山有任何事变，我们必须竭尽全力，甚至不惜以死报效国王。"

中山国君听后，感叹地说："与不期众少，其于当厄；怨不期深浅，其于伤心。吾以一杯羊羹亡国，以一壶飧得士二人。"即"给予不在乎数量多少，而在于别人是否需要。施怨不在乎深浅，而在于是否伤了别人的心。我因为一杯羊羹而亡国，却由于一壶食物而得到两位勇士。"

这段话道出了人际关系的微妙。也许没有比帮助别人这一善举更能体现一个人宽广的胸怀和慷慨的气度了。不要小看对一个失意的人说一句暖心的话，对一个将倒的人轻轻扶一把，对一个无望的人给予一份信任。也许自己什么都没失去，而对一个需要帮助的人来说，也许就是醒悟，就是支持，就是宽慰。

相反，不肯帮助人，总是太看重自己丝丝缕缕的得失，这样的人目光中不免闪烁着麻木的神色，心中也会不时地泛起一些阴暗的沉渣。别人的困难，他可当作自己得意的资本；别人的失败，他可化作安慰自己的笑料；别人伸出求援的手，他会冷冷地推开；别人痛苦地呻吟，他却无动于衷。至于路遇不平，更是不会拔刀相助，就是见死不救，也许他还会有十足的理由。自私，使这种人吝啬到了连微弱的同情和丝毫的给予都拿不出来的地步。

这样的人没有给人帮助倒是其次，可怕的是他不仅可能堕落成一个无情的人，而且还会沦落为一个可悲的人。因为他的心除了能容下一个可怜的自己，其他任何事他都不关心，其实，他也在一步步堵死自己的路，同时也在拒绝所有可能的帮助。因此一个人时时为他的人情账户充值是非常重要的，也是明智之举。

## 人情练达即文章

社会上流行着这样一种说法：古代社会是人情的社会，一个人事业、功名的成功与否，皆取决于人们懂不懂人情世故，以及是否能巧妙地处理好人际关系。而到了现代社会，则是一种规则的社会，人们谋生也好，升官、晋爵、加薪也好，与他人建立某种关系也好，主要依据公之于世的各种规则、法律、制度来行事。可是，根据大多数人实际的生活体验来看，这种说法是不完全成立的。

且不说中国自古就有人情至上的传统，不然何来的"网开一面"之词一说呢？即使在当代中国社会，我们也能感受到处处弥漫着浓重的人情味，甚至可以说不懂人情、不会处理人情者在社会上简直就寸步难行。反之，重人情、善于操纵人情者则可以左右逢源，活得太太平平、滋滋润润，乃至飞黄腾达，此是何故？

人情，首先是相识。世上的人如此之多，而我们所能认识的又有几人，所以，只有相识者才可能渐渐地培养出感情来，这就是人情。人常说：熟人好办事。一个人在社会上生活，要立足、要谋求发展，总得办各种各样的事，那好，你就得多认识人，而且，认识得越多越好，相识得越深越好。

人情，其次是感情。人们身在"江湖"，与人的交情仅停留在相识上是远远不够的，你想办事顺利，人生之路顺畅，就必须把相识者培养成"哥们""姐们""兄弟们"，也就是说，相互间的关系要更密切些，要懂得感情投资。由此，才能培育出较深厚的感情，在此基础上你才能指望得到他人多方面的帮助。

人情，还包括某种主动和自觉的付出。在日常生活中，我们给人送了些什么东西，我们为他人做了一些什么事情，常常会说一句："做个人情"之类的话。

别说懂得人情世故者，就是尚未踏入社会的人皆知晓人生在世太小气的话，朋友一定很少，做事情当然会举步维艰。要与他人建立起感情，往往要付出，给予对方实际的帮助。中国不是有"礼尚往来"之说吗？如果一个人斤斤计较，这也舍不得，那也放不下，与别人相识也许问题不大，而要与人深交则很难，要与人成为很好的朋友简直就不可能，交情又从何谈起呢？别人又怎会帮助一个仅仅算相识的人呢？

一个人懂得人情的重要性，并且能在生活中注意去培养浓浓的人情，能从与他人的相识迅速升温到感情融洽无间，其朋友也就能遍天下了。如果他还能够在家中注意处理与亲人的关系，那么生存的根基也就相当的牢固了。内外的人际关系皆能处理得当、应对自如，也就可以誉之为古人所谓的"人情练达"。

人情练达还包括了许多结交人的技巧和方法，懂得如何把一个陌生人转变成熟人；并且又能使熟人快速成为与己关系密切者，终使其对自己有所帮助。人情练达者还十分喜欢沉溺于人际关系的网络中，喜欢去处理复杂的人情世故，犹如鱼儿离不开水一样，人情练达者也离不开复杂的人际关系的网络。如果拿一个人情练达者同一个不懂人情者相比较，哪种人的生存方式更佳呢？应该说，不懂人情者虽然能保持一个比较完整的自我，但往往生活上十分艰难，在社会上寸步难行；而一个人情练达者在生活中虽然能路路通，可是他却难以保持自我的独立性。因为一个人既要懂人情又要去做人情，往往就不能按自己的心愿行事，而必须要去揣摩他人的想法、爱好、脾气，并使自己尽量去投其所好，避其所恶。如此，人生不仅很累，而且会渐渐地磨掉自我的性格。可是，不懂人情世故者，不善于或不愿意去培育人情者就轻松吗？那也未必。自己生活的圈子很小，自己的熟人很少，朋友又寥寥无几，怎么可能轻松呢？生活一定是很沉重的，虽然其内心可以保持纯粹，自我能够保持得一如从前，但人生道路上处处皆障碍，难道就不累吗？

那么，我们究竟是要做一个不懂人情者还是做一个人情练达者呢？在现代社会，要想远离人情，保持一个完完全全的自我几乎是不可能的，所以，在人生中我们必须要去了解人情，懂得人情，还要培养人情。使人情更浓郁，使自己与他人的关系更密切，由此达到办事方便、生活顺利之目的。现代社会的特点之一，就是快节奏，变化十分迅速，流动性非常大，随之而来的便是现代人的孤独更甚于以往。而善于处理人际关系的人却有这么一个好处，那便是不会孤独。如果你不善于交往，不善于处理人际关系，没什么人情往来，那孤独就是你挥之不去的伴侣，而这种状态是人生幸福最大的杀手之一。

但是，意识到现代社会人情的重要性，且拥有了庞大的人情网，并不是说就什么事情都好办了。人情练达者也并不是时时事事皆能随心所愿。我们可以看到如今社会上有许多埋头在人情里的人，他们只会处理人际关系，认为人情便是一切，有了人情就什么都有了。长期地这样去想这样去做，这种人就会慢慢丧失其他的本领，只会做人情，却也不见得活得有多成功。实际上，现代人要想人生之路顺畅，生活幸福，最关键的还在于有无过人之处，有无特殊的本领。一个人如果以为能够处理好人际关系便什么都行了，那就大错特错了。所以一个现代人仅仅是做到人情练达还是远远不够的，首先要用知识充实自己，在实践中锻炼自己，学得各种本事，再辅之以处理人情世故的能力，乃至达到人情练达，那么取得人生的成功才有了保证，获得人生的幸福也有了基础。

# 第二章
# 原则就是做人的基石

　　做人离不开一定的原则，原则是做人的基石。坚持做人的原则关系到一个人的行为动机，关系到做事的成与败。坚持做人的原则就是要坚持基本道德准则和人格标准，比如说为人要坚守诚信，保持人格的独立，不可背叛自己的诺言，否则为了满足个人的欲望而放弃自己的底线，甚至破坏自己的原则，就会使自己走向失败的深渊。

## 人格底线，不可动摇

　　人格即财富。一个道德败坏的人，不管是做人还是做事、从商还是从政，都很难有所发展，更谈不上功成名就。

　　在《三国演义》中，关羽和吕布都是以武而闻名于天下的人物，而他们却有着完全不同的下场，就是因为两人之间的人品各异所致。论武功，吕布可谓胜出关羽许多，曾经的三英战吕布——关羽和刘备、张飞三兄弟齐上阵，竟然没有能够将吕布拿下，可见吕布的武功超群，高出关羽并不是一点。论外表，吕布也是一个英俊的小生，更不在关羽之下。可是吕布为后人所不齿，关羽却被人敬若神明，一直被后人奉为忠义的象征。造成这样截然不同结果的原因就是因为吕布不具备恪守诚信的品质，而关羽却素有忠义、诚信的美誉。在《三国演义》里，吕布纯粹是一个唯利是图的世俗形象。他厚颜无耻、见利忘义，先是杀掉了与自己一同起事、情同手足的兄弟朋友，后来又为了一个女人貂蝉而行不义之举，亲手杀了对自己有知遇之恩的义父——董卓。吕布背信弃义，使他为人所鄙弃，他不恪守诚信的行径，为世人所痛恨，最终虽然空有一身的本领，却四面树敌，众叛亲离，不得善终。吕布背信弃义的坏名声，使他难以施展自己的才华，最后落了个无家可归的结局，谁都不肯收留他，就连广揽天下人才为己用的曹操都不用他。而关羽虽然武功在吕布之下，却受到了世人的敬重，即使素以奸诈著称的曹操对他也是热情款待、再三挽留。曹操看重的就是关羽的忠义诚信。尽管曹操多次诱之以金钱、美女和宝马，并允诺给予高官厚禄，却都没有动摇关羽信守承诺、信守诚信的意志。任凭曹操使尽了各种方式，关羽都没有背叛兄长刘备，没有背叛兄弟三人的桃园盟誓，时刻想回到兄长刘备的身边。尽管关羽在弃曹投奔刘备时，曾经杀死了曹操手下的数员大将，但曹操还是十分敬重他的忠诚守信。尽管曹操知道关羽是与自己争夺天下的对手刘备的猛将，但曹操只是让手下人阻拦挽留，并没有下令杀掉关羽。关羽的忠义还表现在他愿意为信守诚信付出生命的代价，在华容道与曹操狭路相逢时，尽管他知道自己已经立下生死状，放人就是违背军令，罪当杀头，但仍自作主张放走了曹操。可就是关羽的这种忠义精神感动了诸葛亮，军师并没有真的杀他，而是让他戴罪立功。关羽如此讲诚信，并愿意为之付出一切代价，正是这一点感动了所有的人，包括他的敌人——曹操。在关羽死后，曹操给予厚葬，并追封了他很高的爵位。

在我国商业史上，"五金大王"叶澄衷就是"人品即商品"的典型。叶澄衷早年在黄浦江上靠摇舢板卖食品和日用杂货为生。有一天，一位英国洋行经理雇他的小舢板从小东门摆渡到浦东杨家渡。船靠岸后，洋人因事急心慌，匆忙离去，将一只公文包遗失在舢板上。叶澄衷发现后打开一看，包内装有数千美金，还有钻石戒指、手表、支票本等。他没有据为己有，而是急客人之所急，在原处等候洋人以便归还。直到傍晚，那位洋人到处寻包不见后才懊恼地返回。不过他没有想到包会在舢板上，更没有想到有船工在等着还他包。洋人打开皮包，原物丝毫未动，不禁大为感动。一个中国苦力竟有如此品德，对外来之财毫不动心，洋人真不敢相信这样的事实，他立即抽出一叠美钞塞到叶的手中，以示谢意。叶澄衷坚持不收，交包后就要开船离去。这位洋人见状，又跳上小船，让叶送他到外滩。船一靠岸，洋人拉他到自己的公司，诚恳地邀请他一起做五金生意，叶答应了。从此，叶澄衷走上商途，在日后的经营中，品德高尚的他赢得了人们的信任，叶澄衷也一步步地走上"五金大王"的地位。

李嘉诚在接受记者采访时，对自己的创业与成功做了一番真诚的讲解。记者问李嘉诚："李先生，如果勤与俭是初期创业者必备的素质基础的话，那么作为创业之初的企业的关键又是什么呢？"李嘉诚的回答是："一个企业的开发意味着良好信誉的开始。有了信誉，自然就有财路，这是必须具备的商业道德。就像做人一样，要忠诚、有义气。"

因此，无论是做人还是经商，我们必须坚守人格底线不动摇，这样我们就会获得长足的发展。

## 保持自己的本色

做人要想守住自己的底线，需要在日常生活和工作中保持住自己的本色。

现代社会是快节奏的。你在大街上看到的每一个人，都是行色匆匆，似乎永远有做不完的事，整天都是忙忙碌碌的。如果你走上前去，随意问一个从你身旁擦肩而过的行人：你活在你真实的生命里吗？对方给你的也许是一脸的茫然。在商品经济大潮的裹挟之下，许多人失去了真实的自我。

当儒雅的学者离开大学讲堂到潮起潮落的商海里去搏击时，当富于激情的诗人丢下自己的笔沉浸于股市行情的跌宕起伏时，你不禁要问：他们快乐吗？他们有自己的归属感吗？当他向你呈上一张前缀着一大堆各种各样的头衔的名片时，你是羡慕他的成就，还是遗憾他的缺失？这使我想起了一位作家说到的一件事。

一天，他到一所寺庙里去吃了一次斋饭。席间，他问僧人寺庙的斋饭为何这般清淡？为什么不多放一些佐料？为什么不把油盐放重一些呢？这位老僧指着桌上的一盘青菜笑着说："世上人人都吃青菜，可是又有几个人品尝出了青菜的味道。要想品出青菜的味道，只要将其洗净放在清水里煮便可，这样我们吸取的才是青菜真正本色的营养。而世人席间所吃的青菜，看似做法讲究，五味调和，味道鲜美，其实，他们尝的不过是青菜的佐料的味道而已，满意的不过是厨师的精湛技术而已，至于青菜的味道和营养，他们并没有品尝到。"

　　僧人的一席话，道出了我们生活中时时处处所疏忽和遗忘的本色。是啊！在如今这个复杂多变的社会中，人人为了保护自己，都刻意地给自己加点"作料"，粉饰自身。虽然这是一种自我保护的需要，然而，正因为人人都戴着面具，我们正在渐渐地失去做人真实的一面，很难体会到真实给我们带来的美。

　　真实是保持做人本色的本真体现，做人就应该讲究真实，真实是难得之美。当我们与自己的内心和谐一致的时候，当我们与同样真诚直率的人在一起的时候，我们觉得自己是真实的。真实就像循环的能量一样帮助我们充满活力。在儿童故事《棉绒兔子》里，玩具兔子问道："什么是真实？""真实就是自然发生在你身上的事。"玩具皮马给它解释说。

　　除去面具，回想你觉得自己"真实"的时刻。想一想你有哪些尖利的、脆弱的，或者需要小心保护的地方。你是不是很容易发火、受惊或者期望别人按照你的意愿做事？改变这些行为的一个最好办法是把它们说出来，然后不断提醒自己改正。我们不一定要做完人，相反，承认自己的不足可以使我们更加真实，也更容易建立亲密关系。

　　保持做人的本色，就是不要丢掉自己真实的一面，用你真实的一面去体察，你就能够透过肤浅的表象，看到一个人的实质。

　　随着我们自己变得越来越真实，我们能看到表面之下的灵魂，不再担心年龄、外表和日渐稀疏的头发。这个时候，我们就能看到精神的美，那是由亲密而生的温暖所滋养的。

　　一个人最为看重的幸福和成功只能从自己生命的本色里去获得。富翁看重金子，而本分的庄稼人却看重脚下那片拴紧他们灵魂的土地，因为他们深信"泥土里面有黄金"。

　　失去本色的人生是灰色的、无光泽的人生，做人，就应该保持自己的本色。

## 放弃原则就会牺牲自我价值

有意识地牺牲自己而帮助别人的人是高尚的人，但许多人却在无意识中不自觉地牺牲自己而迎合别人，这些人是失去自我底线的人。

你是否因为别人表露出一种不以为意的态度就改变自己的立场？你是否因为别人不同意你的意见而感到消沉、忧虑？你是否处心积虑地寻求别人的赞许，渴望得到别人的赏识，未能如愿时就情绪低落？曾有位年轻朋友这样向我诉说他的苦恼：

每当听到同事吆喝下班后一块去吃饭、喝酒、唱歌时，他便陷入进退两难的境地中。按个人意愿，他一点也不想去，只希望回家好好休息，看书、听听音乐，静静地享受独处静思的乐趣。但是他知道若是把这些想法讲出来作为婉拒的理由，会被同事取笑。于是他压下了自己的意愿，顺从同事的模式，在喧闹、放荡、嬉笑中，度过了一个又一个吃喝玩乐的夜晚。他越来越不快乐，越来越痛恨自己，想改变这种令他厌恶的"休闲方式"，想大声向同事们说"不"，可又总提不起勇气。

还有一位书生气很浓的朋友下海经商。朋友们都说他不是一块经商的料：不抽烟、不喝酒、不会拉关系、不会与人讨价还价等等，好像商人应具备的资质他全没有。但让大家大跌眼镜的是：他的公司在经过了一段艰难的沉寂之后，竟然生意兴隆，财源广进。他说："我只做好了最基本的几点，以诚待人、守诺守信、保证质量，客户们刚开始可能有些不习惯我的性格，但现在都挺喜欢同我打交道的，省心省力还踏实。"

有些约定俗成的东西或大家都习惯的做法未必是完全正确的，也未必适合于你，只要你认为自己是对的，坚持一下底线又何妨？

一旦寻求别人的认同、赏识和称赞成为你的一种需要，并久而久之形成一种习惯，要想做到保持自我并逐渐进步就很困难了。如果你非要得到别人的夸奖不可，并常常向他人做出这种表示，那就没有人愿意和你坦诚相见了。有些人虽然会奉献出他们的赞美之词，但其内心未必对你有什么好感。同样，你更容易无法明确地阐述自己在生活中的想法，你会为了迎合他人的观点与喜好而放弃你的底线，甚至牺牲自己的价值。

## 为人需要坚持言而有信

林肯年轻时曾担任过邮政局局长。1830年，林肯才21岁时，全家为了谋生，从印第安州迁到伊利诺伊州的纽萨拉姆小镇。初到时，林肯在一家小店里干杂活，不久镇上年长些的人，见林肯干活勤快、为人忠厚又老实，大家一致推荐他在新开设的邮政局里当局长。说实在的，那时连邮票还没有问世，当时的"邮局"状况是可想而知的，设备极其简陋，连一张像样的办公桌都没有。林肯为了收藏钱和账本，只得用一双补过补丁的破袜子当"保险箱"，账本和钱都被放在破袜子里。林肯名义上是这个纽萨拉姆镇上的邮政局局长，实际上只是个"光杆司令"。用现在的话来说，由于这个"邮局"生意欠佳，开张才两个多月后就关门了。这时林肯接到上级停办的通知后，把账目理得一清二楚，装进了那双破袜子里并把它悬挂在屋角的房梁上，等待向上级交差。但由于这个单位太小、太不起眼，上面迟迟没派人来结账。这下可把林肯急坏了，他左等右等，日复一日、月重月，房梁上的钱袋早已盖满了厚厚一层灰，还是不见上面派人来。后来，大约过了一年，有一次林肯终于在大街上偶然碰到了上一级的邮政局局长，于是他连忙把那位头头拉到"邮局"，把账目和钱款一一交点清楚后，才如释重负。纽萨拉姆镇上的人把林肯如此尽职尽责的事传了出去，从此"诚实的邮政局局长——林肯"就这样出了名。

诚信是我国传统道德文化的重要内容之一。"信"字是"人"从"言"。俗话说：听其言，观其行。所言成真就是"诚"，"真实不欺"就是诚。中国古代思想家把诚信作为统治天下的主要手段之一。唐代魏征把诚信说成是"国之大纲"，更显诚信之重要。古今中外每个社会都把诚实与信用作为美德加以推崇，诚实守信的人总能优先赢得别人的赞赏或认可。诚实与信用是上天赋予一个人最好的礼物，拥有这两种品质的人，无疑是天生的高贵者。

一个商人临死前告诫自己的儿子："你要想在生意上成功，一定要记住两点：守信和聪明。"

"那么什么叫守信呢？"儿子焦急地问道。

"如果你与别人签订了一份合同，而签字之后你才发现你将因为这份合同而倾家荡产，那么你也得照约履行。"

"那么什么叫聪明呢？"

"不要签订这份合同！"

这位商人指明的道理不仅仅适用于商业领域，也适用于生活中的各个领域。既然你已经许下诺言，那么不管出现什么样的情况，你都不能反悔，你都必须履行诺言而不能失信。

## 保持诚信的底线

现年72岁的曾宪梓，以一条领带叱咤商业界数十载。曾宪梓是金利来集团的董事局主席，在珠三角富豪排名榜上位居23位，财富估值为50亿港元。

"金利来，男人的世界"这句广告词，很多人都不陌生。可是历经千难万苦才打造出"金利来"这一品牌的曾宪梓，提起往事来却感慨不已。在不久前的一次采访中，曾宪梓与主持人有过这么一段对话：

主持人："您曾经说过这样一段话，生意做得成不成，生意做得好不好不是资金的问题，而是一个人的人品、方法问题。在中国的市场经济大潮中，有很多欺诈行为，诚信已经成为困扰中国经济发展的大问题，您如何处理生意经和道德经的问题？"

曾宪梓："信用是企业的生命，我把它看作是生命。企业有了生命就不担忧积累财富。我是怎么赚钱的？如果我有两万块，我想赚更多的钱，我走正路，不走偏门，我投放一万块，如果一年前转一转挣20%，用快速的发展，转动多几次，我一年转两转是40%，我一年转五转不就有利润了嘛。我是这样来实现我的理念。要用勤劳，要用智慧，让资本快速地滚动。到现在创业33年了，我现在还是用这个方法，这个方法是有用的，走正道，不偷税漏税，又不骗顾客，有良好信誉，那我们是肯定赚钱的。做一点点滚动，生意来了，人家相信你，相信你的产品是好的。我用33年创造这个事业，我从开始到现在，我的交易额是现金交易，不赊账，你要买货，你给我现金，我才给货。从无到有，从小到大，还是用这种方法。我现在所有的产业，在香港的、在新加坡的、在欧洲的、在广东的、沈阳的、美国的，所有的都是用现金买的。既不损害别人，也不损害自己。而且这个企业在亚洲金融风暴中很多都倒下去了，但是我们金利来为什么没倒下？因为我不欠银行的钱。因为我们是现金交易，我们的资金很顺畅。我的金利来是小买卖，但也可以说是稳中求发展的体验，做任何行业，不怕风浪，都能稳住发展。"

主持人："您有没有因为诚信吃过亏呢？"

曾宪梓："我没有吃亏过，我33年来从来都没有亏损过，从来都是赚钱，只是赚多赚少的问题。如果整个经济局势不好，整个生意走下坡，那我怎么办呢？走下坡的时候，公司都不敢存货，把现金集中。比如前一年全国市场上卖100万条领带，现在局势不好了，卖50万条领带，卖给谁呢？肯定还有市场。问题是他买谁的？是买你的还是买我的。别人的办法就是不敢进货了，我的办法是没有更多的存货，我卖的都是新货，别人卖的都是旧货。这样一年下来，我不但没有少卖，而是成倍成倍地卖出去，在公司里面建立了非常稳固的基础。这样既保证了公司的利益，我也赚了很多效益。这是在长期体验中总结的。"

现今身为香港地区总商会会长的曾宪梓，用他毕生的经历诠释了"信用"对于一个人的意义。他曾不止一次地在公开场合这样说："我走正门，不走偏门。信用是企业的生命，我把它看作是生命。"

商场讲究的就是金钱利润，然而，对于诚信，曾宪梓先生则看得比金钱更重。有一次，一家很大的百货公司，向曾先生口头订了50打泰国丝的领带，价格还是按原来的价格约定的。但是等曾先生去泰国买原料的时候，才发现因为泰国丝产量低，而全世界的需求量却很大，所以泰国丝的价格上涨了许多。如果曾先生按照原来的价格将这50打领带卖给那家百货公司的话，自己就要亏损很多。这时就有人劝曾先生说："不卖给他们了，反正没有书面合同，口头协议可以不算数的。"但曾先生却说："不行，口头说话也要算数。"对于这笔明显吃亏的交易，曾先生仍照约定做了。事后，曾先生说，这笔生意在金钱上是亏了，但在诚信上却是赚了。通过这件事，商场中人都认为曾先生靠得住，他的生意也便越做越大。因此，我们不难理解曾宪梓所说的从来没有因为诚信而"吃亏过"这话。他的所谓"吃亏"，并非单单指短时间内金钱上的计量，而是指个人的信誉以及长久的将来。

做亏本生意，在许多人看来，无疑是有欠聪明的。殊不知，肯吃亏恰恰是一种大智慧。眼前的金钱毕竟都是小利，亏了可以重来，但若是因为小利而坏了诚信，以后生意的路便会越走越窄，丢失的却是大利。多年来，金利来公司与客户之间一直是朋友之间诚信合作的关系，也正是凭借着这样的企业文化，金利来的品牌才会越来越响，成为世界知名品牌。

商场中是最需要讲究信用的，没有信用，坑蒙拐骗、偷奸耍滑，生意最终不可能长久。因此，诚信为商业之本，诚可取信，信是获利之源，诚信就是竞争的利器，诚信就是财富。"无奸不商"是人们的误解，真正的商人是以诚信起家的，商海行舟，是以诚信为根本的。

做生意如此，做人亦如此。说到就要做到，一诺千金才是做人之本。古人说得好："人无忠信，不可立于世。"一个人讲诚信了，这个人就会有威信，说话就有人听，有人信，当他有困难的时候人们也会乐意帮忙。反之，一个人若是言而无信，那么，这个人的人缘就会很差，说话的分量也会大打折扣，有时即使说的是真话，人们也总持怀疑的态度，而当其处于逆境、需要他人帮助时，人们也会采取冷漠的态度对待。

那么，一个人应该怎样才能做到讲诚信呢？

一、增加责任感。

有的人为什么说话很随便？就是因为缺乏社会责任感，不会设身处地地为他人着想。譬如，答应了他人三点钟约会，四点还不到，一点都不考虑对方是多么的焦急，不考虑这是在浪费他人的时间，甚至还认为是"小事一桩"，无所谓，这就是无责任的表现。一定要加强这样的意识——人是一个社会的人，任何社会活动都在表现着一种对他人、对集体、对社会的责任，为什么做人做事一定要

"言必信，行必果"？因为只有这样，人才能有所进步。因此要做到讲诚信，就必须加强做人的责任感。

二、对他人做出的承诺要三思而后行。

最近，报纸刊登了这样一件事：有一老汉，其子被他人撞死，找不到凶手，于是便贴出"悬赏告示"："有知情者请举报，给奖金两万元。"有人见这"告示"后，便提供了目击线索，破了案。但是，老汉却因自己家境实在贫穷而无法兑现承诺，于是被告上了法庭，并打输了这场官司。这个案例说明，自己对他人做出的承诺必须审慎，一定要留有余地，应是自己有能力实现的、是可行的，而不是心血来潮的一时冲动，不能只顾眼前不顾将来，只顾一时利益而不顾长远利益，一旦允诺，就必须要实践自己的诺言。

三、在与他人交往时要避免受功利的诱惑。

狡诈、欺骗他人是不讲诚信的表现，而受功利的诱惑则是导致人产生狡诈、欺骗行为的最主要原因。为此，做人一定要注意自己的行为不要受功利的诱惑，不要太实用主义，不要因蝇头小利去算计他人，不要只看到自己鼻子下的一点事，眼光要放得远一点，只有这样人才能变得诚实，才能谈得上诚信二字。

四、从小事做起，将守信用、讲诚信培养成一个习惯。

守不守信用，讲不讲诚信，是一个人具不具备良好人品的表现，而它的形成不是随随便便的，而是在生活实践中慢慢形成的。九层之台，起于累土。为此，一定要注意从一点一滴的小事做起，当一个人从小就养成一种诚实、坦然的习惯，他就会成为一个守信用、讲诚信的人。

有一个日本小孩，其父亲生前是个生意人，一生非常讲究信誉，但在他生命中的最后几年里，他的运气糟透了，留下一大笔债务便去世了。父亲去世的时候，小孩只有12岁。按法律规定，小孩完全可以不承担这笔债务，正当父亲的债权人后悔莫迭的时候，小孩却一一上门拜访，许下诺言说给他20年时间，他会全部还清父亲的债务。20年！人的一生中有几个20年，小孩却要用自己的青春时光去偿还一笔不应自己承担的债务，这需要多大的勇气。债权人没有几个对此抱有希望，小孩子却开始了他的还债生涯，到了27岁那年，他还清了所有债款，比之前承诺的时间提前了五年。小孩缩短了还债时间，原因很简单，一是自己许下的诺言成了一股强大的动力，促使他不断朝着目标奋斗；二是随着自己不断兑现自己的诺言，债权人对他产生了极大的信任，而比以前更加愿意与他合作了，而且由于他的诚信名声在外，与他合作的人越来越多，他的生意也越做越大，事业也就越来越辉煌。

这个小孩自己也许没意识到，这笔财富让他获益终身。由于他花了15年时间去还一笔本来不属于他的债务，他的信誉在行业圈子中产生了一股巨大的力量，几乎所有的人都愿意与他扩大生意往来，诚信使他获得了更大的收益。

## 培养正直的品格

西蒙·福格是英国《泰晤士报》的总编。每年五六月份，他都要接到一堆大学的请帖，要他去作择业就业方面的演讲，因为他曾在寻找职业方面创造过神话。

那是他刚从伯明翰大学毕业的第二天，他为了找工作南下伦敦，走进了《泰晤士报》总经理的办公室，他问："你们需要编辑吗？""不需要。""记者呢？""不需要""那么排字工、校对员？""不，都不。我们现在什么空缺都没有。""那么，你们一定需要这个了。"福格从包里掏出一块精致的牌子，上面写着："额满，暂不雇用"。

结果，福格被留了下来，做报社的宣传工作。25年后，他已升至总编的位置。

这一类似传奇的就业经历见报后，福格就成了各大学的座上宾，每年在学生毕业前给学生们作择业方面的报告。

但每次演讲，他总是避而不谈他的求职经历。他讲得最多的是一位护士的故事。

这位护士刚从学校毕业，在一家医院做实习生，实习期为一个月，在这一个月内，如果能让院方满意，她就可以正式获得这份工作，否则，就得离开。

一天，交通部门送来一位因遭遇车祸而生命垂危的人，实习护士被安排做外科手术专家——该院院长亨利教授的助手。复杂艰苦的手术从清晨进行到黄昏，眼看患者的伤口即将被缝合，这位实习护士突然严肃地盯着院长说："亨利教授，我们用的是12块纱布，可是你只取出了11块。"

"我已经全部取出来了，一切顺利，立即缝合。"院长头也不抬，不屑一顾地回答。

"不，不行。"这位实习护士高声抗议道，"我记得清清楚楚，手术中我们用了12块纱布。"

院长没有理睬她，命令道："听我的，准备缝合。"这位实习护士毫不示弱，她几乎大声叫起来："你是医生，你不能这样做。"

直到这时，院长冷漠的脸上才露出欣慰的笑容。他举起左手里握着的第12块纱布，向所有的人宣布："她是我最合格的助手。"

这位实习护士理所当然地获得了这份工作。

福格真是聪明而又用心良苦，他之所以不讲自己的经历，而说那位实习护士。是因为他非常明白，在寻找工作方面，仅有敏锐的头脑是不够的，更重要的是还要有正直的品性。小到一个单位，大到一个国家，它们真正需要的往往是后者。

所以，正直的品性总是为真正的睿智者和成功者所推崇。正直是什么？美国成功学研究专家A.戈森认为，在英语中"正直"一词的基本义指的是"完整。"在数学中，整数的概念表示一个数字不能被分开。同样，一个正直的人也不会把自己分成两半，他不会心口不一，想一套，说一套——因为实际上他不可能撒谎；他也不会表里不一，信一套，干一套——这样他才不会违背自己的原则。我们坚信，正是由于没有内心的矛盾，才给了一个人额外的精力和清晰的头脑，使得他们获得成功。

许多年前，一位作家在一次倒霉的投资中，损失了一大笔财产，趋于破产。他打算用他所赚取的每一分钱来还债。三年后，他仍在为此目标而不懈地努力。为了帮助他，一家报纸愿为他组织一次募捐，这的确是个诱惑，因为有了这笔捐款，意味着可以结束这折磨人的负债生涯。

然而，作家却拒绝了。几个月之后，随着他的一本轰动一时的新书问世，他偿还了所有剩余的债务。这位作家就是马克·吐温。

正直意味着有高度的名誉感。

名誉不是声誉。伟大的建筑师弗兰克·赖特曾经对美国建筑学院的师生们说："这种名誉感指的是什么呢？那好，什么是一块砖头的名誉感呢？那就是一块实实在在的砖头；什么是一块板材的名誉感呢？那就是一块地地道道的板材；什么是人的名誉感呢？那就是要做一个真正的人。"

正直意味着具有道德感并且遵从自己的良知。

正直意味着有勇气坚持自己的信念，这一点包括有能力去坚持你认为是正确的东西。正直意味着自觉自愿地服从，从某种意义上说，这是正直的核心，没有谁能迫使你按高标准要求自己，也没有谁能勉强你服从自己的良知。

第二次世界大战期间，一位美国陆军上校和他的吉普车司机拐错了弯，迎面遇上了一个德军的武装小分队。两个人跳出车外，都隐蔽起来。司机躲在路边的灌木丛里，而上校则藏在路边的水沟中。德国人发现了司机并向他的方向开火。上校本来是不容易被发现的，然而，他却跳出来还击——用一把手枪对付几辆坦克和机关枪。他被杀害了，那个司机被捕入狱。后来，司机对人们讲述了这个故事。

为什么这位上校要这样做呢？

因为他的责任心强于他对自己安全的关心，尽管没有任何人强逼他。

正直使人具备冒险的勇气和力量，正直的人欢迎生活的挑战，绝不会苟且偷安，畏缩不前。一个正直的人是充满自信的。

正直经常表现为坚持不懈、一心一意地追求自己的目标，拒绝放弃努力和坚忍不拔的精神。"我们决不屈从！决不，决不，决不，决不。无论事物的大小巨细，永远不要屈从，唯有屈从于对荣誉和良知的信念。"温斯顿·丘吉尔是这样说，也是这样做的。

正直的人都是抗震的，他们似乎有一种内在的平静，使他们能够经受住挫折甚至是不公平的待遇。

林肯在1858年参加参议院竞选活动时，他的朋友警告他不要发表演讲。但是林肯答道："如果命里注定我会因为这次讲话而落选的话，那么就让我伴随着真理落选吧！"他是坦然的。他确实落选了，但是两年之后，他就任了美国的总统。

正直还会给一个人带来许多好处：友谊、信任、钦佩和尊重。人类之所以充满希望，其原因之一就在于人们似乎对正直具有一种近于本能的识别能力——而且不可抗拒地被吸引。

怎样才能做一个正直的人呢？第一步就是要锻炼自己在小事上做到完全诚实。即使当我们不便于讲真话的时候，也不要编造小小的谎言，不要去重复那些不真实的流言蜚语。

很多事听起来可能是微不足道的，但是当人们真正在寻求正直并且开始发现它的时候，它本身所具有的力量就会令人们折服。最终，我们会明白，任何一件有价值的事，都包含有它自身不容违背的正直的内涵。

这就是万无一失的成功的秘方吗？是的。它之所以是百验百灵的，正是因为它与人的声望、金钱、权力以及任何世俗的衡量标准都毫不相干，如果我们追求它并且发现了它的真谛，我们就一定能成为一个成功者。

## 保持一种勇于放弃的清醒

晋代陆机《猛虎行》有云："渴不饮盗泉水，热不息恶木荫。"讲的就是在诱惑面前的一种放弃、一种清醒。

以虎门销烟闻名中外的清朝封疆大吏林则徐，便深谙放弃的道理。他以"无欲则刚"为座右铭，为官四十年，在权力、金钱、美色面前做到了洁身自好。他教育两个儿子"切勿仰仗乃父的势力"，实则也是他本人处世的准则。他在《自定分析家产书》中说："田地家产折价三百银有零""况目下均无现银可分"，其廉洁之状可见一斑。他终其一生，从来没有沾染拥姬纳妾之俗，在高官重臣之中恐怕也是少见的。

在我们的现实生活中，也需要有一种放弃的清醒。其实，在灯红酒绿的今天，摆在每个人面前的诱惑实在太多，特别是对有权者来说，可谓"得来全不费功夫"，这就更加需要保持清醒的头脑，勇于放弃。如果抓住想要的东西不放，贪得无厌，就会带来无尽的压力、痛苦与不安，甚至毁灭自己。

人生是复杂的，有时又很简单，甚至简单到只有取得和放弃。应该取得的完全可以理直气壮，不该取得的则当毅然放弃。取得往往容易心地坦然，而放弃则需要巨大的勇气。若想驾驭好生命之舟，每个人都面临着一个永恒的课题：学会放弃！

俄国作家托尔斯泰写过一个短篇故事：有个农夫，每天早出晚归耕种一小片贫瘠的土地，但收成很少。一位天使可怜农夫的境遇，就对农夫说，只要他能不断往前跑，他跑过的所有地方，不管多大，那些土地就全部归他。

于是，农夫兴奋地向前跑，一直跑、一直不停地跑！跑累了，想停下来休息，然而，一想到家里的妻子、儿女，都需要更大的土地来耕作、来赚钱，所以，他又拼命地再往前跑！真的累了，农夫上气不接下气，实在跑不动了！

可是，农夫又想到将来年纪大了，可能没人照顾，需要钱，就再打起精神，不顾自己的身体，再奋力向前跑！

最后，他体力不支，"咚"地倒在地上，死了！

的确，人活在世上，必须努力奋斗。但是，当我们为了自己、为了子女、为了有更好的生活而必须不断地"往前跑"、不断地拼命赚钱时，也必须清楚地知道有时该是"往回跑的时候了"！因为妻子儿女正眼巴巴地倚着门等你回来呢！

## 道德的底线要坚守

道德、品德关系到一个人的行为方式，关系到做事的成与败。

德者，道德、品德。古人说"德行谓人才堪任之优劣"，一个人的道德人品高低决定着他的行为是否是向有利于社会的方向努力。那么，判断人才的"德"的标准是什么呢？就是在对道义与功利的取舍上。

1.德才兼备者能成大事

现在用人讲究"德才兼备"。目光短浅者，常盯着才，而目光长远的管理者，则更注重"德"。

小王到一个公司去面试，他在一间空旷的会议室里忐忑不安地等待着。不一会儿，有一个相貌平平、衣着华丽的老者进来了。小王站了起来，那位老者盯着小王看了半天，眼睛一眨也不眨，正在小王不知所措的时候，这位老人一把抓住小王的手："我可找到你了，太感谢你了！上次要不是你，我女儿可能早就没命了。"

"怎么回事呢？"小王被搞得丈二的和尚摸不着头脑。

"上次，在友谊公园里，就是你，就是你把我失足落水的女儿从湖里救上来的！"老人肯定地说。小王明白了事情的原委，原来他把自己错当成他女儿的救命恩人了："老伯，您肯定认错人了！不是我救了您女儿！"

"是你，就是你，不会错的！"老人又一次肯定地回答。

小王面对这个感谢不已的老人只能做些无谓的解释："老伯，真的不是我！您说的那个公园我至今还没去过呢！"

听了这句话，老人松开了手，失望地望着小王："难道我认错人了？"

小王安慰老伯："老伯，别着急，慢慢找，一定可以找到救你女儿的恩人的！"

后来，小王开始在这个公司里上班了。有一天，他又遇见了那个老人，小王关切地与他打招呼，并询问他："您女儿的救命恩人找到了吗？""没有，我一直没有找到他！"老人默默地走开了。

小王心里很沉重，对旁边的一位司机师傅说起了这件事。不料那司机哈哈大笑："他可怜吗？他是我们公司的总裁，他女儿落水的故事讲了好多遍了，事实上他根本没有女儿！"

"噢？"小王大惑不解，那位司机接着说："咱们总裁就是通过这件事来选人才的。他说过有德之才才是可塑之才！"

通过这个故事，我们不难看出：一个人的德行对自己的前途有多么重要。

与德行高尚的人在一起，会让人心胸开阔，如处幽兰之室；与道德败坏的人相处，会让人变得狭隘，品质低下。正所谓"近朱者赤，近墨者黑"。

2.做道德高尚的人

道德高尚的人谋事不谋人，品质低劣的人谋人不谋事。在我们这个时代，相信很多人都对品质低劣的人深恶痛绝。

道德高尚的人自尊自强且自我认知明确，而品质低劣的人则不然。这种人常常丧失自我，平常表现为情感空虚。他们平日里无所事事，爱打听别人的隐私，传播隐私，在天下太平时便捏造事端，唯恐天下不乱。如果一个企业里有这样的人将对企业的凝聚力构成巨大威胁，他们是企业内部的离心力量，如不加以遏制，将耗尽集体的最后一滴智慧，这种人成事不足败事有余。

这些品质低劣的人有几种表现呢？

（1）开"谣言公司"

公司者，从事生产、流通或服务（如信息服务）活动之独立核算的经济单位也。"谣言公司"生产、销售的"商品"以及提供、传播的"信息"，不是人民生活、生产的必需品，而是没有事实根据的、捏造的消息，既无科学依据，又无信誉可言。"谣言公司"的"商品"，售出后概不退换；传播的"信息"，一经出门，概不认账。"利"的目的在于蛊惑人心，制造事端，鱼目混珠，破坏捣乱。

（2）搞"客里空"

"客里空"原是苏联卫国战争时期剧本《前线》中一个捕风捉影、捏造事实的新闻记者的名字，后被人们借用专指新闻报道中脱离事实、虚构浮夸的资产阶级报道作风。"客里空"现象存在于包括新闻单位在内的一切单位或企业。

（3）做"话篓子"

这是北京人的话。意为多事的人像一个篓筐，有一篓子的废话。这种人多是无所事事、游手好闲的人，他们以评头品足、恶语中伤为能事。街头出现一件新鲜事，他们恨不得添油加醋地评论三个月，造谣滋事成为他们精神生活的一部分。

（4）传"活电报"

电报的特点是快，而"活"字则是传谣者的特点。唯"活"才能有声有色，唯"活"才能蒙蔽人。"活"就是含有大量水分，能伸能缩，不少人就在这一传、二传中大做文章，于是三人成虎。

（5）造"传声筒"

传声筒的优点是如实传达，但是缺陷在于不假思索和分析，表现最突出的两个方面是道听途说和以讹传讹。道听途说，本身缺乏完整性和可信性；以讹传讹，往往危言耸听，害人不浅。

（6）吹"耳边风"

这类人传播谣言是在暗中或者私下进行的。他们对于小道消息特别感兴趣，听了马上就传。或误听误传以媚上取宠，或利用他人的猜测心理搬弄是非，或是干脆借以诬陷他人、恶语诽谤。值得注意的是，信谣者对这类人的信息往往格外重视。

3.做事以德服人，不可有小人之图

道德高尚者之风，往往可昭日月，而品质低劣者之举，全都鬼鬼祟祟，难上台面。品质低劣者的惯用伎俩，表现为四个阴招，即：阴、软、小、黏。

（1）"阴"。在公开的场合，大家都感情不错，暗地里做小动作，当面说好话，背后使绊子。

（2）"软"。"软功夫"往往比"硬功夫"更厉害。"踢皮球""打太极拳"或者故作轻松地说"风凉话"。

（3）"小"。"小动作""小报告""小纠纷"。

（4）"黏"。黏黏糊糊，拉拉扯扯，永无休止。

由此不难看出，做事的成与败全在一个人的德行上。一个道德高尚的人自然受人尊敬，做事自然易于成功。

# 第三章
# 抬头、低头皆有原则

　　人生在世，抬头、低头都必须有自己的原则。"弓过盈则弯，刀过刚则断"，抬头没有原则，就会使自己成为一个头脑发热的莽夫，轻易被别人所击败；低头没有原则，就会使自己做事没有底线，处世没有立场，成为一个随意被别人所伤害的懦夫。

## "忍"字的文章要做好

人生在纷繁复杂的大千世界里，和别人发生着千丝万缕的联系，磕磕碰碰，出现点磨擦，在所难免。此时，如果仇恨满天，得理不饶人，后果只能是两败俱伤、鱼死网破，而如果在坚持底线的前提下，采取忍让之道，则会"退一步海阔天空"。哪个更划算，不言自明。

中国历史上，凡是显世扬名、彪炳史册的英雄豪杰、仁人志士，无不能忍。人生在世，生与死较，利与害权，福与祸衡，喜与怒称，小至一身，大至天下国家，都离不开忍。现代社会中，许多事业上非常成功的企业家、金融巨头亦将忍字奉为修身立本的真经。因而，忍是修养胸怀的要务，是安身立命的法宝，是众生和谐的祥瑞，是成就大业的利器。

忍是一种宽广博大的胸怀，忍是一种包容一切的气概。忍讲究的是策略，体现的是智慧。"弓过盈则弯，刀过刚则断"，能忍者追求的是大智大勇，决不做头脑发热的莽夫。

忍让是人生的一种智慧，是建立良好人际关系的法宝。忍让之苦能换来甜蜜的结果。

《寓圃杂记》中记述了杨翥的故事。杨翥的邻居丢失了一只鸡，指骂说是被杨家偷去了。家人气愤不过，把此事告诉了杨翥，想请他去找邻居理论。可杨翥却说："此处又不是我们一家姓杨，怎知是骂的我们，随他骂去吧！"还有一个邻居，每当下雨时，便把自己家院子中的积水引到杨翥家去，使杨翥家如同发水一般，遭受水灾之苦。家人告诉杨翥，他却劝家人道："总是下雨的时候少，晴天的时候多。"

久而久之，邻居们都被杨翥的宽容忍让所感动，纷纷到他家请罪。有一年，一伙贼人密谋欲抢杨翥家的财产，邻居得知此事后，主动组织起来帮杨家守夜防贼，使杨家免去了这场灾难。

春秋五霸之一的晋文公，本名重耳，未登基之前，由于遭到其弟夷吾的追杀，只好到处流浪。

有一天，他和随从经过一片土地，因为粮食已用完，他们便向田中的农夫讨些粮食，可那农夫却捧了一捧土给他们。

面对农夫的戏弄，重耳不禁大怒，要打农夫。他的随从狐偃马上阻止了他，对他说："主君，这泥土代表大地，这正表示您即将要称王了，是一个吉兆啊！"重耳一听，不但立即平息了怒气，还恭敬地将泥土收好。

狐偃怀忍让之心，用智慧化解了一场难堪，这是胸怀远大的表现。如果重耳当时盛怒之下打了农夫，甚至于杀了人，反而会暴露他们的行踪，狐偃的一句忠言，既宽容了农夫，又化解了屈辱，成就了大事。

忍让是智者的大度，强者的涵养。忍让并不意味着怯懦，也不意味着无能。忍让是医治痛苦的良方，是一生平安的护身符。

生活中许多事当忍则忍，能让则让。善于忍让，宽宏大量，是一种境界，一种智慧。处在这种境界中的人，少了许多烦恼和急躁，能获得更加靓丽的人生。

## 忍是一种人生智慧

人在社会中行走，"忍"是很重要的一个字，因为在任何时间、任何场合，都有不能如你意的问题存在，有些问题无法很快解决，更有些问题不是自己能力所能解决，所以也只能忍！

元代学者吴亮曾说："忍之为义，大矣。唯其能忍，则有涵养定力，触来无竞，事过而化，一以宽恕行之。当官以暴怒为戒，居家以谦和自持。暴慢不萌其心，是非不形于人。好善忘势，方便存心，行之纯熟，可日践于无过之地，去圣贤又何远哉！苟或不然，任喜怒，分爱憎，捃拾人非，动峻乱色。干以非意者，未必能以理遣；遇于仓卒者，未必不入气胜。不失之偏浅，则失之躁急；自处不暇，何暇治事？将恐众怨丛生，咎莫大焉！"

不能忍的人虽可以暂时解除心里的压力，但终究会自毁前程，失去长远的利益。所以，有智慧的人，不拘泥于眼前得失，在双方发生意气之争或利益冲突时，宁可选择忍。

清代中期，当朝宰相张英是安徽桐城人。他素来注重修身养性，颇得他人的喜欢和尊重。同时他也非常孝敬父母，在朝廷任官时，他把母亲安顿在家乡，并经常回家探望。

张老夫人的邻居是一位姓叶的侍郎。张英在一次回家看望母亲时，觉得家中的房子呈现出破败之象，就命令下人起屋造房，整修一番。安排好一切后，他又回到了京城。

正巧，叶侍郎家也正打算扩建房屋，并想占用两家中间的一块地方。张家也想利用那块地方做回廊。于是，两家发生了争执。张家开始挖地基时，叶家就派人在后面用土填上；叶家打算动工，拿尺子去量那块地，张家就一哄而上把工具夺走。两家争吵过多次，有几次险些动武，双方都不肯让步。

张老夫人一怒之下，便命人给张英写信，希望他马上回家处理这件事情。

张英看罢来信，不急不躁，提笔写下一首短诗："千里家书只为墙，让他三尺又何妨？万里长城今犹在，不见当年秦始皇。"写好后派人迅速送回。

张老夫人满以为儿子会回来为自家争夺那块地皮，没想到左等右等只盼回了一封回信。张母看完信后，顿时恍然大悟，明白了儿子的意思。为了三尺地既伤

　　了两家的和气，又气坏了自己的身体，这样太不值得了。

　　老夫人想明白了，立即主动把墙退后三尺。邻居见状，深感惭愧，也把墙让后三尺，并且登门道歉。这样一来，以前两家争夺的三尺地反而形成了一条六尺宽的巷子。

　　当地人纷纷传颂这件事情，引为美谈，并且给这条巷子取了一个特别的名字——六尺巷。有人还据此作了一首打油诗："争一争，行不通；让一让，六尺巷。"

　　古人曰："忍一时风平浪静，退一步海阔天空。"所以，忍让有时是一种策略，它的目的是更好地进。而且，表面的忍让不仅调解了矛盾，还融洽了双方的关系，更有利于事情的圆满解决。

　　历史上最有名的"忍"的例子就是韩信忍恶少胯下之辱。那时韩信潦倒落魄，无计谋生又不好读书，不得不寄食于人，受尽苦辱。淮阳城里有个屠夫，属市井无赖之流，见韩信无所事事却带着刀剑，遂当众拦住他说："你有胆量，就抽剑杀我，若没胆，就从我的裆下钻过去。"

　　闻此韩信一言不发，低头从他的裤裆下钻了过去。后韩信发奋图强，终于成为汉高祖刘邦的大将军。

　　"小不忍则乱大谋""无忍无以处世"，想建立良好的社会关系及成就大事都一定要谙熟"忍"字的精髓。无心也无力与恶少争，只好忍辱爬过恶少胯下。后来，韩信助刘邦争得天下，被封为"淮阴侯"。一次他回故乡的时候，还特意去看了一下当年的恶少，只是恶少已无往日之威风，看到韩信，竟然吓得浑身颤抖，连连磕头求饶。

　　所以，当你碰到困境和难题时，想想你的大目标吧！为了大目标，一切都可以忍！千万别为了一时"爽快"而挥洒你如熔岩般的情绪。我们一生当中会遇到很多问题，如果你能忍第一个问题，你便学会了控制你的情绪和心志，这样才能成就大事业！

　　忍是人生智慧中必不可少的，忍是一种心法、一种涵养、一种美德。忍并不是怯弱的借口，而是强者的胸襟。只有忍才能积蓄力量，以静制动，后发制人；只有忍才能反躬自省，完善自我，以德服人；只有忍才能顾全大局，使得事业顺利；只有忍才能与人为善，化解、消除各种矛盾和不利因素。纵观历史，凡成就大事者，凡功垂千古、名誉久传者，莫不都将"忍"字作为自己的人生信条。

## 以低姿态为人处世

以低姿态出现只是一种表象，是为了让对方从心理上产生一种优越感，使他愿意合作。学会在适当的时候，保持适当的低姿态，绝不是懦弱的表现，而是一种智慧。

"万事不求人"只能显示你内心的脆弱，你求人帮助时表现低姿态只是向对方说明，在这件事情上你的实力不如对方，你需要对方的帮助，与你的尊严无关。

自古以来，凡成功者都懂得放低姿态。周文王弃王车陪姜太公钓鱼，灭商建周成为一代君王；刘备三顾茅庐拜得诸葛亮为军师，促成三国鼎立。这些都是我们耳熟能详的故事，如果没有文王及刘备的低姿态，哪能求得赫赫功绩，从而流芳百世。

有一位博士在找工作时，被许多家公司拒之门外，万般无奈之下，博士决定换一种方法试试。他收起所有的学位证，以一种最低的身份再去求职。不久，他被一家电脑公司录用，做一名最基层的程序录入员。没过多久，上司就发现他才华出众，竟然能指出程序中的错误，这绝非一般录入员所能比的，这时，博士亮出了自己的学士证书，老板于是给他调换了一个与本科毕业生相应的工作。过了一段时间，老板发现他在新的岗位上也游刃有余，能提出不少有价值的建议，比一般大学生高明，这时博士亮出了自己的硕士证书，老板又提升了他。有了前两次的事情，老板也比较注意观察他，发现他还是比硕士有水平，就再次找他谈话。这时博士拿出了博士学位证书，并说明了自己这样做的原因，老板恍然大悟，毫不犹豫地重用了他。

在社会中对人低头，有时是你的生活方式和工作方式中的一种。它与你的道德和气节毫无关系。当你遇到一个很低的门时，你昂首挺胸地过去，肯定要把脑袋碰出一个包来，明智的做法只能是弯一下腰，低一下头，让很低的门比你高就成了。

你需要找工作、需要调动工作、需要开拓更广泛的人际关系，在这所有的活动之中，你可能都处于一种求人的地位，处于一种必须表现低姿态的现实之中。

在这种情况下，必须首先学会低姿态。许多人放低姿态后就老想着别人可能会很傲慢地对待他，会轻视他，会对他视而不见，甚至会侮辱他，把他赶出门去……这样他就退缩了，就丧失了勇气。正因为如此，他可能就打出了"万事不求人"的招牌，宁可忍受不办事的后果，忍受不办事的麻烦，把事情搁置起来，也不去求助于人，这说明他是脆弱的。一个人怎样看待自己是一回事，别人怎样看待他是另一回事。应该把别人的看待和自身的价值分开。

当你求助于人的时候，你内心的精神支柱应是你内在的尊严，而内在的尊严是完全摆脱他人对你的看法和评价而独立存在的。内在的尊严是你对自己生命价值的肯定，它和别人的看法无关。

你去求助于别人，并不说明别人比你更有价值，或说明别人比你更有尊严。它只说明：在你要办的这件事上，别人由于种种原因比你有更多的主动权。因为主动权操之于人，所以你要表现出低姿态。

你有你自己的优势，而在你实力不足的领域中，你就需要求别人办事以解决自己的问题。正如你找医生看病要付钱一样，你找别人办事就要付出一定的面子——这是你向对方显示低姿态的一种具体代价。

如果你想把事情做成，就得以一种低姿态出现在对方面前，表现得谦虚、平和、朴实、憨厚，甚至愚笨、毕恭毕敬，使对方感到自己受人尊重，比别人聪明，那么在谈事时他就会放松警惕。当事情明显有利于你的时候，对方也会不自觉地以一种高姿态来对待你。

其实，你以低姿态出现只是一种表象，是为了让对方从心理上感到一种满足，使他愿意合作。实际上越是表面谦虚的人越是非常聪明的人、越是工作认真的人。当你表现出大智若愚来，使对方陶醉在自我感觉良好的气氛中时，你就已经受益匪浅，并已经完成了工作中很重要的那一半了。

你谦虚时显得他高大；你朴实和气，他就愿意与你相处，认为你亲切、可靠；你恭敬顺从，他的指挥欲得到满足，认为与你很合得来；你愚笨，他就愿意帮助你，这种心理状态对你非常有利。相反，你若以高姿态出现，处处高于对方，咄咄逼人，对方会感到紧张，做事就没数了，而且会产生一种逆反心理。因此，为了把事情办成，不妨常以低姿态出现在别人面前。

## 🏵 凡事都须忍耐

武则天当政时期，朝中有个大臣叫娄师德。他性格沉稳，为人厚道，以谨慎忍让闻名于当时，据说即使有人冒犯了他，他也毫无怒意。

有一次，娄师德的弟弟奉命戍守代州，临行时，向娄师德来辞行。娄师德反复嘱咐弟弟，在外做事，凡事都须忍耐。

他的弟弟点头答应说："如果有人往我的脸上唾口水，我也不恼怒，至多是自己擦去。"娄师德听后，连忙摇头说："不可以这样，擦掉会使那人更加生气，你应该让口水自己干掉。"成语"唾面自干"就是这么来的。

娄师德除了有谨慎忍让的美德外，他还有勇于为朝廷推荐贤才的良好品质。他听说当时任复州刺史的狄仁杰，办事公道，执法严明，很有才能，深受百姓爱戴。于是，他就向武周皇帝武则天推荐了狄仁杰，但当时狄仁杰本人并不知情。

狄仁杰当上宰相、主持朝政后，一直从心里看不起娄师德，甚至将娄师德排挤到边远地区任职。有一天，武则天有意问狄仁杰："狄公，你看娄师德的品德才能怎样？"

狄仁杰不知道武则天的用意，便直截了当地回答说："他是镇守边疆的好官，至于品德才能，臣说不太好。"

武则天微微一笑，紧接着问道："狄公知道他很善于识别人才吗？"

狄仁杰摇摇头，说："臣从未听说过他还会识别和推荐人才。"

武则天笑了，她说："狄公，朕是怎么知道你的，你清楚吗？"

狄仁杰老老实实地说："一无所知。"

武则天接着说："朕能发现你这个人才，全靠娄师德推荐。"

狄仁杰听完一怔，感到万分内疚，觉得娄师德为人质朴敦厚，自己不如他。于是他禁不住自语道："娄公真是品德高尚！我长期得到他的宽容，可我竟一点儿也没看出来。唉！真是鼠目寸光。"这以后，狄仁杰也努力地在各地物色人才，并随时向武则天推荐。

君子宽博优裕，温和柔顺，足以包容天下的人和事，这是君子之所以成其伟大的原因。为人刻薄急躁，一点都不能包容他人，这是小人不能成为君子的原因。

## 🪙 不急功近利

生物学家说，飞蛾在茧中时，翅膀萎缩，十分柔软。在破茧而出时，必须要经过一番痛苦的挣扎，身体中的体液才能流到翅膀上去，翅膀才能充实有力，才能支持它在空中飞翔。

一天，有个人凑巧看到树上有一只茧开始活动，好像有蛾要从里面破茧而出，于是他饶有兴趣地准备见识一下由蛹变蛾的过程。但随着时间一点点地过去，他变得不耐烦了，只见蛾在茧里奋力挣扎，将茧扭来扭去的，但却一直不能挣脱茧的束缚，似乎是再也不可能破茧而出了。

最后，他的耐心用尽，就用一把小剪刀在茧上剪了一个小洞，让蛾出来可以容易一些。果然，不一会儿，蛾就从茧里很容易地爬了出来，但是那身体非常臃肿，翅膀也异常萎缩，耷拉在两边伸展不开。

他等着蛾飞起来，但那只蛾却只是跌跌撞撞地爬着，怎么也飞不起来，又过了一会儿，它就死了。

冰冻三尺，非一日之寒；滴水穿石，非一日之功。事物的发展都有其特定的规律，不论干什么，都必须要按照一定的步骤，遵循一定的规律，否则，就像人们常说的"心急吃不了热豆腐"一样，盲目着急，不顾一切地揠苗助长，带来的往往不是我们期盼已久的甘甜，而是难以下咽的苦涩。

从前，有一个到欧洲去卖货的阿拉伯商人，他的生意很兴隆，他带去的一马车货物没几天就都卖完了。他喜滋滋地给家人买了些礼物装进马车，驾车往家赶去。他归心似箭，日夜兼程，深更半夜才投店休息，第二天一大早又忙着赶路。

店主帮他把马牵出马棚时，发现马左后脚的铁掌上少了一枚钉子，就提醒他给马掌钉钉子。商人说："再有十天就到家了，我可不想为一颗小钉子耽误时间。"话音未落就赶车走了。

两天后，商人路过一个小镇，被一个钉马掌的伙计叫住："马掌快掉了，过了这个镇可不容易再找到钉马掌的了。"商人说："再有八天我就到家了，我可不想为一个马掌耽误工夫。"离开小镇没多远，在一个人烟稀少的地方，马掌掉了。商人想："掉就掉了吧，我可没时间再返回小镇了，就要到家了。"

走了一段路后，马开始一瘸一拐起来。一个牧马人对他说："让马养好脚再走吧，否则马会走得更慢的。"商人说："再有六天我就要到家了，马养伤多浪费时间呀。"

马走得更跌跌撞撞了，一个过路人劝他让马养好腿再继续赶路，可他说："老天，养好腿得多长时间？再有四天我就要到家了，别耽误我与亲人见面！"

又走了两天，马终于倒下了，一步也走不了了，商人只得丢下马和车子，自己扛着东西徒步朝家走去。结果，马车走两天的路程他走了五天，到家的时间反而比预定时间晚了三天。而且重新购买车马又用掉了他五车货物才能赚到的钱。

《论语·子录》中有这样一句话："无欲速，无见小利。欲速，则不达；见小利，则大事不成。"这是孔子教导弟子时说的，意思是：不要只图快，不要只顾眼前利益。图快，则达不到预期目标；只顾眼前利益，则办不成大事。

做人处世干事业，有这样一个规律：欲速则不达，功到方能自然成。

 **不好大喜功**

1996年，石家庄市造纸厂因经营不善宣告破产，十年前轰动全国的"马承

包"马胜利提前退休。

1984年，马胜利成为中国将承包引入国有企业的第一人，改革一举成功，第一季度就实现了承包目标，媒体也有了"一包就灵"的赞誉。于是胜利后的马胜利更加雄心勃勃，在1988年决定开始筹建"中国马胜利造纸集团"。最初考虑吸收100家本省和跨省企业，后来实际承包了36家企业，遍及河北、山东、山西、贵州等地。马胜利仅用几个月工夫就跑遍了数省，有时一天就看好几家企业，了解一下就签署协议确定承包。至此，"一包就灵"的神话破灭了，不但跨省承包没成功，最终殃及大本营，石家庄市造纸厂资不抵债，只好申请破产。

石家庄市造纸厂是国有企业，其由盛及衰的过程，同史玉柱的"巨人集团"一样，有一个共同的致命弱点，那就是一帆风顺使企业领导人过于自信，头脑发热，好大喜功，把主观意志强加给客观现实，动辄追求轰动效应，从而在市场经济的大潮中落下马来。"中国马胜利造纸集团"本应该是"马承包"更加辉煌的新篇章，然而他却由此背上了过大的沉重包袱，当他停止跨省承包，将精力转向本厂，为时已晚，不得不作出破产的选择。

什么事都不可能是一蹴而就那么简单的，不管条件是否许可，一心想做大事、立大功，必然导致盛名难副。如果巨人集团的巨人大厦不与别人去"比高低"，量力而行，那么今天的史玉柱可能就会是另一番风采；如果马胜利不去好大喜功，而是扎扎实实地搞好本厂的生产经营，那么石家庄市造纸厂也不会破产。但生活没有"如果"，只有经验或者教训。《淮南子·原道训》中说道："夫善游者溺，善骑者坠，各以其所好，反自为祸。"人只有尊重科学，一步一个脚印地实干，才能在竞争中立于不败之地，任何浮夸、蛮干，任何脱离实际的狂热，任何追求轰动效应的梦想，必将难逃失败的命运。

## 🛡 不斤斤计较

一趟客运列车，曾为冬天乘客不肯随手关门而大伤脑筋，于是在每节车厢里贴了一张告示："为了大家的舒适，请随手关门。"

告示贴出后，情况虽有所改变，但收效不是很大。后来，列车长想出了一个新的方法，将告示改写成："为了您自己的舒适，请随手关门。"从此以后，车门基本上都会被关好。

仅凭这样的一个例子就说人是自私的，不免有些牵强。况且，人实际上是个多样性的综合体，任何以偏概全的说法都是站不住脚的。

美国一所大学的社会学教授，做了这样一个实验：他要求学生们在下面的三种情况下，选择其中的一种，对其进行捐助。一是非洲中部遭遇严重旱灾，许多人正面临死亡的威胁。二是大学中一名成绩优异的学生，因为无力负担学费，已处于无法继续学习的困境。三是购置一台复印机，放在系办公室里供学生们使用。学生们以不记名的方式选择，结果有85%的学生选择捐钱买复印机，有12%的学生选择捐钱资助成绩优异的学生完成学业，只有3%的学生选择捐钱援助非洲的难民。这个实验一方面说明每个学生都程度不同地关心他人的困难，愿意给予帮助；另一方面说明大多数学生更关心与自己切身利益相关的事情。

置身于社会，为实现自己的理想而努力，就必然要在与利益相关的问题上与他人竞争。但并不是所有的人都清楚争什么、怎么争。

不懂"争"的人，什么都争，他们斤斤计较、锋芒毕露，所以很难做到与人为善，最终失去的可能比争到的更多；会争的人，抓大放小，名利双收，却从不得罪别人。

这有一个关于"争"的例子：

我的一位大学同学，很有才学，但争强好胜，言必分对错，事必见高下。一次国庆长假，他带女朋友逛街。由于人多拥挤，有个小伙子不小心把饮料洒到了他的女朋友身上。那个小伙子虽然道了歉，但他感觉丢了面子，依然不依不饶地对人家破口大骂。小伙子也不甘示弱，于是二人先是口角，继而发展为武力冲突，结果我的同学失手把人打死，因过失杀人被判无期徒刑。

人都有趋利性，没有好处的事情不可能引起人们的兴趣。但利益有大小之分，做人要分清大小，为了眼前的丁点好处而损害长远的、更大的利益，则得不偿失。

## 不忘乎所以

一条鲷鱼和一只蝾螺在海中，蝾螺有着坚硬无比的外壳，鲷鱼在一旁赞叹着说："蝾螺啊！你真是了不起呀！你有一身坚硬的外壳，一定没人伤得了你。"蝾螺也觉得鲷鱼所言甚是，正洋洋得意的时候，突然发现敌人来了，鲷鱼说："你有坚硬的外壳，我没有，我只能用眼睛看个清楚，确知危险从哪个方向来，然后，决定要怎么逃走。"说着，鲷鱼便"咻"地一声游走了。此刻呢，蝾螺心里在想："我有这么一身坚固的防卫系统，没人伤得了我啦！我还怕什么呢？"便关上大门，等待危险过去。蝾螺等呀等，等了好长一段时间，也睡了好一阵子了，心里想："危险应该已经过去了吧！"于是它就伸出头来，一看，立刻扯着喉咙大叫："救命呀！救命呀！"此时，它正在水族箱里，对面是大街，而水族箱上贴着的是：蝾螺××元一斤。

有所成就的人很容易得一种怪病：总觉得世事不过如此，总觉得自己无所不能，仿佛"老子天下第一"。人一旦患上这种病，倒霉的日子也就不远了，就像这只进了水族箱的蝾螺一样。

一个既不处于对外开放的阳光地带，也不属于享受特殊政策的经济特区的大邱庄，在禹作敏的带领下，在短短的十几年间实现了由昔日"喝苦水，咽菜帮，糠菜代替半年粮"到"中国首富村"的惊人蜕变。方圆7.25平方公里，人口4000人，乘车在庄里兜一圈不用10分钟的小地方，竟有各类企业200多家，产值过亿元的也不鲜见，企业密度和规模之大为全国之最。1992年，全村工农业总产值达25亿元，人均年收入高达2.6万元。创造了改革13年，产值翻了13番的骄人业绩。在这个村里，有美国、法国、日本等高级小轿车200多辆，其中"奔驰"就有十几辆。

禹作敏把大邱庄及自己的成功归功于五种精神，那就是：不求虚名的务实精神，敢担风险的改革精神，艰苦奋斗的创业精神，不断进取的竞争精神，强国富民的奉献精神。

然而，走上巅峰的禹作敏却逐渐丢掉了这五种精神。这位穿着西装、打着领带的大邱庄庄主成功之后，在大邱庄一言九鼎，拥有绝对的权威。就连他自己也曾经说过："我去掉一个'土'字就是皇帝"。他不仅自视为大邱庄"皇帝"，而且说一不二、无法无天，最后发展成为庄内违抗"旨意"者被打致死、公然对抗国家司法机构的地步。

1993年8月27日，63岁的禹作敏因犯窝藏罪、妨害公务罪、行贿罪、非法拘禁罪和非法管制罪，数罪并罚，被判有期徒刑20年，剥夺政治权利两年。

古人云："谦受益，满招损"。不知道天高地厚，有了一点点成绩就忘乎所以的人，最终都要付出沉重的代价。

## 不贪得无厌

在印度的热带丛林里，人们用一种奇特的狩猎方法捕捉猴子：在一个固定的小木盒里面，装上猴子爱吃的坚果，盒子上开一个小口，刚好够猴子的前爪伸进去。然后在盒子外面扔一些猴子爱吃的其他东西，猴子一旦发现了这些好吃的东西，就会一路吃过来，直到看见木盒子里的坚果。可当它抓住坚果后，爪子就抽不出来了。但猴子有一种习性，不肯放下已经到手的东西。所以，人们常常可以用这种方法很轻易地捉到猴子。

人们总会嘲笑猴子的愚蠢：为什么不松开爪子放下坚果逃命呢？但如果你审视一下人世间，就会发现，贪得无厌并不是只有猴子才会犯的错误。

刘昼在《新论·贪爱》中讲过这样一个故事：秦惠王在位的时候，准备讨伐蜀侯。但高山林立、沟多涧深，几十万军队因为没有合适的道路而不能成行。后来，他听说蜀侯非常贪婪，爱财如命，就命令手下把通往蜀国的道路上的大石头雕琢成石牛，并在石牛的后面放上大量的金银。然后他又让人们到处散布谣言，说那些石牛全是能够拉金尿银的神灵，但被困在山中不能出去，谁能够把它们解救出去，它们就会听候恩人的差遣。蜀侯听说后，就派人前去打探，探子回来告诉他说，确实有很多价值连城的金银财宝。蜀侯心动了，就集中了全国所有的成年男子，凿开大山填平深谷，修了一条路来迎接神牛。结果神牛没有迎到，却引来了大批秦军。秦惠王轻而易举地把蜀侯给灭了。

历史虽然久远，但它所反映的道理永远不会过时，值得每一个人深思和铭记。

包拯一生清廉俭朴。史书上说包拯后来虽然当了大官，地位很高，但穿的衣服、用的器具、吃的东西，都和他做平民时没有什么两样。他被任命为陕西转道使后，本来应该穿上绘有新等级标志的"章眼"上任，以示尊荣。而他可倒好，穿着原来的衣服就赴任去了。宋仁宗听后，十分赞赏，特地差人骑快马去追包拯，把三品图致的章服赐给包拯。端州盛产砚石，早在隋唐之际端砚就久负盛名。历任官员在向朝廷交纳砚台时都要借机勒索，额外增加数量，加重人民负担，结果弄得百姓怨声载道。包拯到任后，一改旧习，命砚工按进贡数量制作，自己一块不留，此举深受百姓欢迎。包拯离任时，砚工特地精制了一方好砚送给他作为纪念，他婉言谢绝，"不持一砚归"。包拯一生所为正如自己所言："清心为治本，直道是身谋"。晚年时，为教育后代，他留下遗训说："后世子孙世宦有犯赃滥者，不得归放本家，亡殁之后，不得葬于大茔之中。不从吾志，非吾子孙。"

包拯所做的一切，自然赢得了人民的敬意。宋神宗时，西羌有一个将领于龙呵归附宋朝，他到京师朝见皇上时，要求皇帝赐给他包拯的姓。开封府署旁有一块题名碑，凡在开封府任过府尹的，都在碑上刻下姓名和任职时间。包拯曾任开封府尹一年多，也刻了上去。南宋时周密曾说开封府尹题名碑上的"包拯"二字："为人所指，指痕甚深。"这是因为人民喜爱他，凡是到此地来的人，为表达敬慕之情，都愿用手指抚摸"包拯"二字所造成的。现在这块碑石还保存在开封历史博物馆里。

新加坡前总理李光耀认为，"立国必须廉政"。李光耀本人带头廉政，住房和汽车都是自己掏钱买的。他有许多政敌反对他、攻击他，但没有一个说他贪污、腐化。政府中有名部长，是新加坡政界的元老之一，与李光耀有很深的私交。当人们揭发这名部长有贪污嫌疑，他找到李光耀，希望李光耀能保护他。李光耀却说："我要保护你，我这个党就站不住了。"最后，这名部长在上法庭之前自杀了。李光耀就是靠着廉洁赢得了威信和民心，使新加坡在几十年的时间内就成为亚洲四小龙之一。

做人应明白"适可而止"的道理，贪得无厌的人，只会遭到别人的鄙夷，人们常说"占小便宜吃大亏"，不要让一时的贪婪而毁了自己的前程。

## 该说"不"时就说"不"

平等共事，宽容他人，不意味着要接受屈辱，要被人伤害。为了自己的正当利益，要敢于说"不"。

该说"不"时就说"不"，不做不讲话的鹦鹉。一味地沉默只会让他人忽视你的努力，甚至忽视你的存在。做一个有声音的人，让他人感受到你的存在价值。

有个人想送太太一样别出心裁的生日礼物，便选了一只漂亮的鹦鹉，请宠物商店送到家里。当他回家吃晚饭时，他问太太礼物是否已送到家。"噢，是的，"他太太回答，"它还在锅里，很快就可以上桌了。"这人听了又惊讶又懊恼，他喊道："天啊！我可是花了3000块钱！它是一只聪明而且会说话的鹦鹉！"他太太反问："如果它聪明的话，为什么我要杀它时它不讲话？"

不会说"不"，只会让他人觉得你是一个逆来顺受的人。你是不是五次三番地被人利用和欺侮？你是否觉得别人总是占你的便宜或者不尊重你的人格？人们在制订计划时是否不征求你的意见，而会觉得你应该千依百顺？你是否发现自己常常在扮演违心的角色，而仅仅因为在你的生活中人人都希望你如此。如果这样的话，你的生活和工作就需要进行改进了，就需要拒绝和说"不"了。当然真正鼓足勇气说这件事情的时候，当你认识到自己的需要并表达出来时，你会发现你原来所顾虑的事情一件都没有发生，而你的生活却发生了变化，同事们开始尊重你了，开始意识到你的存在了。

　　刘刚在一家打字店工作，由于从农村出来，他勤劳且比较老实。每天上班提前半小时到打字店，开始扫地、擦地板、抹桌子，同事们忙不过来的时候他主动帮助打印。有一天，他由于有事去晚了，发现其他员工们正在嘀咕，"乡下人还摆架子，也不知道早来给我们打扫房间。"刘刚突然意识到自己付出了很多而得到的太少了。正好这天晚上又有一位同事请他帮忙，"小刘，你今天晚上帮我把这份稿子打出来吧，明天要交货。我今天晚上要去跳舞，我先走了，人家还等着我呢。""很抱歉，我今晚有事。"小刘第一次回绝了别人，那人从来没有遭到过他的拒绝，待在那儿愣了一下。第二天，当他去上班时恰巧遇到那位同事，那位同事并没有表现出任何异样，反而主动和他打招呼。从此，找他帮忙的人少了，当他给别人擦桌子的时候别人也会礼貌地回应了。就这样，刘刚通过一次拒绝，换来了平等和尊重。

　　常言道："不打不相识。"打可以打出平等，也可以打出知心朋友。在办公室和同事相处，有时仅仅靠温驯善良和勤劳是混不出什么名堂来的，有时也需要通过争论甚至有些强势的手段来解决问题，这对那些能力较强，但心高气傲的人还是很适用的。

　　不打不相识，并不是为了获得一种资本，也不是为了让某人在众人面前丢面子，而是一种展示自己的才能、赢得自己在众人心中的地位的一种方式。

　　李元和赵江是同事，李元的业务能力很强，但为人比较高傲，总以资格老自称。赵江比较聪明能干，但资历较浅，平时李元基本不把赵江放在眼里。一次，领导要求他们对本厂生产的臭氧发生器做一个促销方案，李元为主，赵江协助。李元按照传统的促销方法编制了一套方案，采用通过商场进货，在商场内进行促销活动的方法。而方案参与人赵江不同意该种方案，认为像这种新产品老百姓不愿认同，且价格并不便宜，谁也不愿花钱去尝试。在这个方案的审批过程中，赵江一反常态，坚持自己的意见，两个人发生了激烈的争吵，但方案最终以李元获胜结束。赵江并没有因此而放弃，并私下与领导进行了交涉，领导通过反复深思，决定两种方案同时实行。李元了解到情况后，在办公室说："我是这行的祖师爷，我说行，它准行，干这行，凭的是经验。如果我输了，我请大家吃饭。"赵江则不甘示弱："李元，我敬重你的水平，不过人们的消费观念在变，我们也应该顺应形势。这次如果我这个方案错了，我拜你为师，请大家吃饭。如果我侥幸赢了，我也还是应该向你学习。"从此办公室中出现了赵和李的不和谐音。

到了年终，领导宣布营业情况时，专门对促销的两个方案进行了比较，最后宣布，赵江的促销方案得到了较大的市场份额。

李元当即红着脸对大家说："今天晚上我请客。"在宴会上，李元对赵江说："初生牛犊不怕虎，咱们哥俩以后多商量，哥哥多向你请教。"而赵江连连说："侥幸侥幸，您还是我的师父。"

从此两个人打得火热，而他们部门的业绩也是芝麻开花——节节高。当然，打也要分人，也要分场合，不能盲目地无论何时、何地、何人就这样做，这样不但收不到好的效果，而且还会误入歧途，耽误自己的前程。

某办公室有六位职员，水房离办公室较远。开始时大家谁也不愿意去打水，因为打完后也许自己只能喝到一杯水，其他的水都被分光了。为了保证大家都喝到水，他们制定了规章制度，每三个人为一小组，每天早晨、中午打水。甲组中的三个，小喧比较老实勤劳，每次其他两个人躲得远远的，只有小喧打水。这一天，大家中午没见到开水，其中乙组的一位同事对小喧说："小喧，开水呢？打开水去呀。"小喧当即反驳道："我们三个人呢，你指使我干吗？"那位同事当时有些脸红，此时甲组的另外两位连忙说："哎哟，不好意思，忘了，我们马上去！"

从此，大家打水自觉多了。小喧并没有觉得自己以前帮得太多了而不去做了，他仍然和同事一起去打水。

小喧利用其他同事的愤怒维护了自己的权益和平等地位，大家在一个办公室，有时候，一味地妥协并不是解决问题的办法，应该学会说"不"，只有这样，自己的权益才不会受到损害，也不会破坏自己和同事之间的关系。

## 拒绝别人有技巧

美国总统林肯就是一位深谙"说话艺术"的人。曾有一位妇人来找林肯总统，她理直气壮地说："总统先生，你一定要给我儿子一个上校的职位。我并不是要求你的恩赐，而是我们应该有这样的权利。因为我的祖父曾参加过雷新顿战役，我的叔父在布拉敦斯堡是唯一没有逃跑的人，而我的父亲又参加过纳奥林斯之战，我丈夫是在曼特莱战死的，所以……"

林肯认真地听完这位妇人的话，然后接过话头儿来。"夫人，你们一家三代为国服务，对于国家的贡献实在够多了，我深表敬意。现在你能不能给别人一个为国效命的机会？"

一个人如果害怕正面冲突，那他就容易成为唯唯诺诺的人，那就什么新局面都开创不了。因此，学会拒绝别人，也是一门艺术。例如，信用记录不好的朋友来借钱，我们明知道把钱借给他就像肉包子打狗一样——有去无回；一个亲戚向我们推销商品，我们明知买下了也不能用……诸如此类的事我们如果不拒绝，则后患无穷，但是拒绝之后，就会引起许多不良的后果。譬如有可能断绝交情，引人恶感，被人误会，甚至有可能会埋下仇恨的祸根。

有一次，某位朋友到老刘的办公室来卖保险。整整一上午，老刘始终板着脸，摇着头不答应，结果那位朋友只好怏怏不快地离开了老刘的办公室。

然而几天后，却有人告诉老刘，有人在朋友圈子里散播他的谣言，败坏他的名声。老刘感到十分地惊诧，因为他不记得曾得罪过什么人。

后来一次偶然的机会，他才知道，是那个推销保险的朋友在他的朋友圈子里散播谣言的。

可见拒绝不得法，会给我们带来很多的麻烦。

比如说，我们为了拒绝别人，有时会含糊其词地去推托："对不起，这件事情我实在不能决定，我必须去问问我的父母。"或者是："让我和孩子商量商量，决定了再答复你吧。"

这种拒绝方法欠缺干脆。有些人可能认为这是拒绝的好办法，既不伤害朋友的感情，又可以使朋友体谅我们的难处。但这种敷衍了事的结果，只会使对方再三地来缠扰我们。

最终他会发觉我们是在拒绝他，会认为我们以前的话全是敷衍，是骗人的推托，不但会使他怨恨我们，而且也会认为我们懦弱和虚伪。

到这时，拒绝的艺术就会被我们用到了。之所以说拒绝是艺术，是因为如果拒绝得法，对方会心甘情愿地离开。如果对方感到不满意，甚至会怀恨在心，这就说明拒绝不得法。

拒绝别人必须遵循以下这些原则：

1. 拒绝的理由必须充分，并且向对方解释清楚；

2. 拒绝的言辞最好用坚决果断的内容，不可含糊不清；

3. 不要把责任全推到对方身上；

4. 注意不伤害对方的自尊心，否则他定会迁怒于我们；

5. 让对方明白我们的拒绝是万不得已，并表示抱歉。

这些原则，集中到一点上，就是态度诚恳。

对方有求于我们，我们又不答应他，无论如何对方都不会高兴的。有些人比较粗心，推辞时往往只用一两句话草草了事，态度显得不诚恳，结果使对方觉得心里挺不是滋味，从而认为他骄傲自大。即使这件事确实无法答应，对方也不会有丝毫的谅解，而认为他是故意拒绝的。为此，要让提要求的人畅所欲言，让对方感到已把我们逼到尽头。

身处职场的人，会经常遇到这样的问题：一位同事突然开口，让你帮他做一份难度很高的工作。答应下来吧，可能要连续加几个晚上的班才能完成，而且这也不符合公司的规定；拒绝吧，面子上实在抹不开，毕竟是多年的同事了。那么，应该怎样找一个既不得罪同事，又能把这项工作顺利推出去的理由呢？

1. 先倾听，再说"不"

当你的同事向你提出要求时，他们心中通常也会有某些困扰或担忧，担心你会不会马上拒绝，担心你会不会给他脸色看。因此，在你决定拒绝之前，要注意倾听他的诉说。"倾听"能让对方先有被尊重的感觉，在你婉转地表明自己拒绝的立场时，能避免伤害他的感觉或避免让人觉得你是在应付。"倾听"的另一个好处是，你虽然拒绝了他，却可以针对他的情况，建议他如何取得适当的支援。若是能提出有效的建议或替代方案，对方一样会感激你，甚至在你的指引下找到更适当的支援。

2. 温和坚定地说"不"

当你仔细倾听了同事的要求并认为自己应该拒绝的时候，说"不"的态度必须是温和而坚定的。委婉地表达拒绝，比直接说"不"让人容易接受。一般来说，同事听你这么说，一定会知难而退，再想其他办法。

3. 多一些关怀与弹性

拒绝时除了可以提出替代建议外，还要隔一段时间主动关心对方的情况。有时候拒绝是一个漫长的过程，对方会不定时地提出同样的要求。若能化被动为主动地关怀对方，并让对方了解自己的苦衷与立场，可以减少拒绝的尴尬与影响。

你在拒绝的过程中，除了技巧，更应该需要发自内心地给予对方关怀。如果你对对方只是敷衍了事，对方是能感觉到的。这样的话，会让人觉得你不是个诚恳的人，对你的人际关系伤害会更大。总之，只要你是真心地说"不"，对方一定会体谅你的苦衷，这对你的人际关系不会造成伤害。

说话要讲究技巧、讲究分寸，要想在生活中来去自如，就要懂得这些说话的技巧。而适时地说"不"，委婉地拒绝别人是我们必须要面对的。巧妙地回绝他人，利人利己，何乐而不为呢？

## 要有自己的原则和主见

在社会生活中，由于分工和能力的不同，就必然要有领导者和被领导者。既要有人运筹帷幄，掌管大局，又要有人身体力行，动手去干。但是，不管干什么，都要有自己的原则、自己的立场，不能够一点主见也没有，没有自己一定的原则。这里的原则既包括办事的方法，也包括日常生活中为人处世的立场、原则，少了哪个都会给你带来困难，并将影响你的生活。

工作办事没有自己的方法，只听命于他人，别人怎么说自己就怎么做，如果别人说得对还好，假若别人说得不对，而自己又不动脑筋，走弯路、浪费时间不说，有时难免要犯错误。举个简单的例子：某个人想挖鱼池养鱼，有人建议坑底要铺上一层砖，这样既干净又会节省水；又有人建议说，不能铺砖，铺了砖鱼就接触不着泥土，对鱼的生长不利；还有人说……于是，这位养鱼者开始犯难了，左也不是，右也不是，不知该听谁的好。其结果是，事情就此搁了下来，最终放弃了计划。当然，这只是个简单的例子，生活中有许多事情要复杂得多，而且有些事情没有犹豫的时间，这就更需要我们要有自己的方法。既然别人的意见也不一定正确，为什么不试试自己的办法呢？

按照古代寓言书记载，谁能解开奇异的高尔丁死结，准能注定成为亚洲王。所有试图解开这个复杂怪结的人都失败了。后来轮到了亚历山大来试一试，他想尽办法要找到这个死结的线头，结果还是一筹莫展。后来他说："我要建立我自己的解结规则。"于是，他拔出剑来，将结劈为两半，结果他成了亚洲王。

这当然是传说，但这个传说告诉我们，亚历山大之所以成功地做了亚洲王，就是因为他有自己的方法，创立了自己的规则。他绝不是没有主见、没有办法之人。因此，干什么事情都要动脑筋，要有自己的一套规则。这样做，有时会使你收到意想不到的效果。

办事没有原则，有时就表现为一味地迁就、顺从别人。由于自己没有立场，所以很容易被他人所诱惑或利用。迁就别人，表面看来是和善之举，但实际上则是软弱的表现。软弱到一定程度，就会逐渐失去自信，而没有自信的人是很难成就什么大事业的。有时，性格上的自卑和懦弱，也表现为没有自己的立场和观点。自卑，就会觉得处处不如别人，怯懦则往往会导致卑微。时时看着别人的脸色行事，怎么能走自己的路呢？其实，这样做是大可不必的。由于自卑和怯懦使我们对于那些名人仰慕不已。然而，一旦我们恢复生命的自信，勇敢地面对问题，面对困难，我们就会觉得伟人并没有什么神秘可言，而且会越来越觉得，所谓伟人和庸人的区别，无非就是：前者始终有一个清晰的方向，并且充满自信，按照自己的方法、义无反顾地走下去；而后者却终日混混沌沌，始终不敢向着未来迈出那决定性的一步。人如果懂得了这一点，成为一个伟人并不困难。著名漫画家蔡志忠先生讲过这样一句话："每块木头都是座佛，只要有人去掉多余的部分；每个人都是完美的，只要除掉缺点和瑕疵。"正是如此，每个人都有他自己的长处，为什么要去迎合别人呢？没有原则的人还往往禁不住他人的诱惑，什么事情，最初还能遵循自己的原则，但经别人三言两语一劝，马上防线就崩溃了。举个日常生活中最简单、最普遍的小例子：拿喝酒来讲，几个朋友坐在一起，常常要推杯换盏，边喝边聊。几杯酒下肚之后，本来规定自己只喝三杯，开始时方能坚持，但没多久，在朋友的再三劝说之下，脑袋一热，什么三杯原则，五杯又能怎么样？于是，原则丢在了脑后，放开肚子喝了起来。其结果常常是酩酊大醉，误了事不说，对自己的身体损害极大。这是多么不合算的事啊！

所以，做什么事情都要有个度，不能过度，否则就是没有原则。做什么事情一旦没了原则，只会带来不良后果，而不会有什么好的结局。

做事没有原则，没有自己的立场、方法，固然不好，但也不能因循守旧，循规蹈矩，而是要创立自己的规则，要有创新精神。人类就是在不断地继承和创新中取得进步的。因此说，创新对于社会的进步有着决定性的作用。历史川流不息，若不能因时度势，而一味恪守旧俗，本身就是致乱之源，顽固保持旧传统者也难免成为当世的笑柄。当然，既成的事物，即使并不完美，也会因为已经习惯而不断坚持；而新的事物，哪怕再好，也会因为不适应于旧的习惯而受到抑制。对于旧习俗来讲，新事物好像陌生的不速之客，因而很不容易被接受和欢迎。所以这就需要革新者坚持自己的原则，不要轻易改变立场。在坚持原则的基础上，"你有千条妙计，我有一定之规"，以此来抑制那些企图诱惑你、改变你的人。

对于那些有志于改革的人，最好能以时间为榜样。时间在流逝中不知不觉更新了世上的一切，而表面上又似乎什么都未改变。如果不是这样，新事物来得太快的话，难免会遇到极大的反对力量。由于改革必定会触犯既得者的利益，所以革新者无疑会受到这些人的打击，那么新事物的生存是很困难的。

当然，这只是个小小的建议。还是那句话，在坚持自己原则的基础上，在革新中逐渐创立自己新的原则，使自己不断发展、不断完善。做事无原则，是万万要不得的。

# 第四章
# 尊重并遵守别人的原则

　　每个人都有自己的原则，每个人的原则都不能轻易被他人逾越。不遵守他人的原则意味着对他人人格和利益的伤害，这是每一个人都不愿意接受的。因此，要想使自己与他人的关系和谐，就必须正确遵守他人的原则，在对方可接受的范围内做出正确的言行。

## 距离要把握好

有一年冬天，天气格外寒冷。

有两只小刺猬，尽管躲在洞里，也尽量蜷缩着身子，但天气实在太冷了，它们仍然被冻得瑟瑟发抖。就在它们感觉快要被冻僵的时候，其中的一只刺猬忽然灵机一动，向另外一只建议道："我们靠紧一点，或许身上的热量会散发得慢一点。"另外一只也觉得有道理，于是，它们开始了尝试。但没想到的是，由于它们靠得太近，它们身上的刺刺到了对方。

虽然第一次尝试失败了，但由于它们在被对方刺痛的同时，也确实感觉到了来自对方的温暖，所以它们没有气馁，又重新开始了第二次尝试。这一次，为了避免伤害对方，它们开始小心翼翼地一点一点地靠近，最后，它们成功了。它们终于找到了一个合适的距离——既能感觉到对方的温暖，又刚好刺不着对方。

就这样，它们平安地度过了那个极度寒冷的冬天。

人与人的相处其实就像故事中的刺猬一样，离太远了不行，所以人们都在自觉不自觉地寻找适合自己的朋友；但离太近了也不行，太近了常会在不经意间伤害对方。许多人都有这样的经验和体会：亲密的人际关系经常发生摩擦和矛盾，反倒不及初次交往容易，很要好的朋友常常会因为一点点小问题反目成仇，几十年的夫妻有时竟然在转瞬间就各奔东西。按理说应该是交往得越深就越容易相处，人际关系也越好，可事实上并非如此。原因何在？很简单，就是人们忽略了一个"度"的问题。人们常说："距离产生美"，的确，尽管我们都有着良好的愿望，都希望自己所拥有的人际关系亲密度越高越好，但这是不够的，我们还必须要记住"亲密并非无间，美好需要距离"。

我的一个朋友曾向我讲过这样一件事情。

他说："上个月，我的大学同学进辉因为生意失败缺钱周转，我把所能资助他的五万元钱拿出来借给他。进辉很感动，他知道我是倾囊相助，所以，他每晚都会打电话来大吐苦水。我每天下班很晚回来后，还要花两三个小时陪他聊天解闷，说完他的事，他又开始说我家的事，而且各种事他都不免要评论几句，大大小小的事他都要打听。一开始，我觉得他心情不好，只要他问起，我都或多或少地说两句。可有一天我回家很晚，他和我妻子也絮絮叨叨地说了从我嘴里听说的我家的事，害得妻子以为我对她有意见。更糟糕的是，他在半夜三更会来找我，让我陪他去酒吧，这样的日子持续了将近一个月，我再也忍受不了了，妻子、孩子的生活也受到了影响，对我牢骚满腹。我觉得我能为朋友两肋插刀，可我已自身难保了，再也没精力帮他了。"

每个人都需要自由的空间，进辉的错误就在于挤占了他人的心理领地。

心理学家霍尔认为，人际交往中双方所保持的空间距离是人际关系的表现，研究发现，亲密关系（父母和子女、情人、夫妻间）的距离为18英寸，个人关系（朋友、熟人间）的距离一般为1.5～4英尺，社会关系（一般认识者之间）的距离一般为4～12英尺，公共关系（陌生人、上下级之间）的距离为12～25英尺。

当然，我们不需要太过拘泥于某些数据，事实上我们也很难在人际交往中做得那么精确，我们需要的是坚持基本的原则，学会如何把握与他人之间的距离。 首先，要尊重别人的隐私。不论多么亲密的人际关系，也应彼此保留一块心理空间。人们总以为亲密的人际关系特别是夫妻之间、父母与子女之间似乎不应当有什么隐私可言。其实越是亲密的人际关系越是要相互尊重隐私。这种尊重表现为不随便打听、追问他人的内心秘密，也不随便向别人吐露自己的隐私。过度的自我暴露虽不存在打听别人隐私的问题，却存在向对方靠得太近的问题，容易失去应有的人际距离。 其次，要有容纳意识。容纳意识要求我们尊重差异，容纳个性，容纳对方的缺点，谅解对方的一般过错。过分挑剔的人不会有朋友，没有容纳意识，迟早会将人际关系推向崩溃的边缘。最后，要懂得运用距离效应。距离效应是指由于时间的阻隔，彼此间有了距离。一旦把距离缩短，重新相聚，双方的情感可以得到最充分的宣泄，这时，距离就成了情感的添加剂。可见，有时距离的存在也能给人以美的享受。因此，应当培养自己拉开一定距离看他人的习惯，同时也不要时时刻刻把自己的透明度设置为百分之百。内心没有隐秘足显自己的坦荡，但也会因此失去应有的人际距离，无形中为以后的人际矛盾种下祸根，这就不是明智之举了。

## 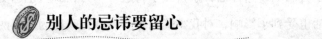 别人的忌讳要留心

留心对方的忌讳，看起来虽是芝麻小事，实际上却是影响彼此关系的大事，如果因此与人结怨而不自知，就真要吃不了兜着走了。

俄国讽刺小说家克雷洛夫在提及说话办事的技巧时，曾经幽默地说过："语言就像是一把剃刀，最锋利的剃刀会帮你把脸刮得最干净，不过，你必须做到灵活地运用这把剃刀。"

各地风俗不同，待人接物的礼仪不同，习惯性的用语也不尽相同，因此，与新认识的人交往的时候，说话可要留心，否则有些话一不小心脱口而出，犯了别人的忌讳，即使你表现得再有礼貌，在别人眼中也会成为无礼之人。

语言产生的误会是很伤脑筋的，不可不留神。

在交际活动中，与你交谈的对象或许有个人特殊的忌讳，那么，你就要小心探听明白，说话时不要触及他的痛处。

譬如说，对方的亲朋好友有过流言蜚语，如果你不知情，当他的面搬出张三

李四的风流韵事任意闲谈，在对方听来，很可能以为你是在嘲讽他，虽然不便当场发作，但心里必然对你忿恨不已，那以后还有什么友谊可言？

例如，你交谈的对象曾经做过贩卖走私货品、囤积居奇、哄抬物价之类的坏事，现在虽然已经洗手不干了，但是倘使你不明底细，当着他的面大骂其他奸商，对方必然会窘迫得恨不得咬你一口。

说话犯了忌，就会使别人把你当成不懂礼貌的莽撞之徒，如果因此与人结怨而不自知，就真要吃不了兜着走了。

相对地，学会用赞美的语言去温暖别人的心，让别人喜欢你，这本身就是交际活动中的礼仪。

当然，赞美要选择适当的话题，否则，不合时宜地瞎吹乱捧，即使有"理"，也会变得"无礼"了。

## 原则时刻要坚守

一个曾在德国留学的学生讲过这样一件事，她说：

"1993年的除夕之夜，我在德国的明斯特参加留学生的春节晚会。晚会结束后，整个城市已经睡熟了，在这种时候，谁不想早点儿到家呢？我和先生走得飞快，只差跑起来了。但没想到的是，刚走到路口，红绿灯就变了。迎向我们的行人灯转成了'止步'：灯里那个小小的人影从绿色的、甩手迈步的形象转成了红色的、双臂悬垂的立正形象。如果在其他的时候，我们肯定停下来等绿灯。可这会儿是深夜了，马路上没有一辆车，即使有车驶来，500米外就能看见。我们没有犹豫，走向马路……

"'站住'，身后飘过来一个苍老的声音，打破了沉寂的黑暗。我的心悚然一惊，原来是一对老夫妻。我们转过身，歉然地望着那对老人。老先生说："现在是红灯，不能走，要等绿灯亮了才能走。"

"我的脸忽地烧了起来。我喃喃地道：'对不起，我们看现在没车……'老先生说：'交通规则就是原则，不是看有没有车。在任何情况下，都必须遵守原则。'

"从那一刻起，我再没有闯过红灯。我也一直记着老先生的话："在任何情况下，都必须遵守原则。'"

俗话说：没有规矩，不成方圆。社会是以原则为纲的，做人有做人的原则，做事有做事的原则，不遵守原则，不按规矩办事，必然会导致整个社会系统功能紊乱，社会也就不成其为社会了。

人与人之间的交往也是有其特定原则的。虽然大多数人都清楚这些规矩和惯例，但并不是所有的人在所有的时候都能够很好地遵守。他们就像那位留学生一样，常在自认为无关紧要的时候忽略这些原则的重要性，不仅给别人添堵，也给自己制造麻烦。

卡耐基说过："在与别人相处时，应该学会尊重别人，尽量减少对别人的伤害。一个和谐的人与人关系的基础是彼此之间互不伤害。"

时刻牢记并始终遵守这些原则，是经营人际关系的必备素质。

 ## 在失意人面前莫言得意之事

失意时的郁闷和彷徨，相信大多数人都经历过，在这非常时期，最不愿听到的便是别人高谈阔论自己的成功。将心比心，在别人失意时，你千万不可谈得意之事，因为你的得意将会衬托出他人的失败，这是做人的大忌。

有一位女士的宝贝女儿，从剑桥毕业回国之后，在香港一家金融机构供职，每月数万港元薪水。这位女士当然相当自豪，她面对亲朋好友时，言必称女儿的风光，语必道女儿的薪水。偶然被女儿发觉后，她极力制止母亲，说总夸自己的女儿，突出自家好，人家会有什么感受，不要因此伤害了他人的自尊心。

这位女儿的话在情在理。可见在与人谈话时，要防止过分突出自己，切勿使别人心理失衡，产生不快，以至影响了相互之间的关系。

有一次，几个朋友聚在一起，主要为开导一位目前正陷于低潮的朋友，让他心情好一些。这位朋友不久前才因经营的公司倒闭了，妻子也因为不堪生活的压力正与他谈离婚的事，内外交困，他实在痛苦极了。

来吃饭的朋友都知道这位朋友目前的遭遇，大家都避免去谈与事业有关的事，拿自己以前的挫折给他宽心，或说些安慰的话。可是其中一位因为目前发了大财，正春风得意，酒一下肚忍不住就开始谈他的赚钱本领和花钱功夫，那种得意的神情谁看了都有些不舒服，更何况那位失意的朋友。失意的朋友低头不语，脸色非常难看，一会儿去上厕所，一会儿去洗脸，后来还是找了个借口提早离开了。事后他还愤愤地说："老李有本事赚钱也不必在我面前吹嘘嘛！这分明是看我现在不顺，讥讽我呢！"

我们应该非常了解他的心情，因为谁都有过低潮期，在低潮期听到他人的得意炫耀，那种感受就如同把盐撒在本来已伤痕累累的伤口上，要多难过就有多难过。因此我们与人相处要切记不要在失意者面前谈论自己的得意。

如果你在某一方面正得意，想要抒发自己的万丈豪情，要你不谈论不太容易，这可以理解。但是谈论你光辉业绩时要看准场合和对象，你可以对你的员工谈，享受他们投给你的钦羡眼光；也可以和其他得意的人谈，你们共同分享心情的愉悦、人生的快乐，共同分享成功的经验；但是千万不要对失意的人谈，因为失意的人此时最脆弱，也最多疑，你的谈论在他听来都充满了讽刺与嘲弄的味道，对他可能会产生极大的伤害，让失意的人感到你"看不起"他。当然有些人不在乎，你说你的，他听他的，但这么"想得开"的人并不是很多。因此，你所谈论的得意，对大部分失意的人来说是一种伤害，这种痛苦的滋味也只有尝过的人才知道。所以，我们说不要在失意者面前谈论自己的得意，一方面是道德上的考虑，另一方面是人际关系上的考虑。当然，如果你不知道对方正当失意则另当别论。

一般来说，失意的人较少攻击性，郁郁寡欢、沉默寡言是他们表现得最为普通的一种状态，但别以为他们只是如此。听你谈论了你的得意后，他们普遍会产生一种心理——怨恨，这是一种沉潜到心底深处的对你不满的反击。你说得口沫横飞，不知不觉已在失意者心中埋下了一颗炸弹，说不准什么时候就会炸开，想想看，这有多不值啊。

失意者对你的怀恨多半不会立即显现出来，因为他们此时无力显现，但他们会透过各种方式来泄愤，例如在背后散布谣言、说你坏话、扯你后腿、故意与你为敌等，其主要目的就是不愿看到你继续得意下去。

而最明显的则是疏远你，避免和你碰面，以免再听到你的得意之事，于是你在不知不觉间就失去了一个朋友，甚至多了一个敌人。所以，当你有了得意之事，不管是升了官、发了财、得了贵子，还是其他的成功，切忌在正失意的人面前谈论。假如在不知道的情况下说了，也要巧妙地向对方道歉，挽回一下关系，毕竟是你伤害了别人，即便你是无意的。

不过，就算在座没有正失意的人，但也总有境况不如你的人，你的得意还是有可能让他们反感，人总是有嫉妒心的，这一点我们必须承认。所以，得意时就少说话，而且态度要更加地谦卑，否则就会在不知不觉中失去了人缘。

## 协调但不讨好

现实社会不是真空的，无时无刻不充满着权力的较量、利益的纷争、性格差异的磨擦，你即使一点不去争，也有人与你争。甚至还有那么一种得寸进尺，想骑在别人脖子上的人，你退一尺，他就进一丈。在这样的环境中，一个人若想成就一番事业，花费的代价无疑是巨大的。良好的人际关系、融洽的环境氛围有助于一个人脱颖而出，发挥自己的聪明才智，实现自己的人生价值。对此，不同的人采取了不同的方法和策略：一种是协调，一种是讨好。

协调是着眼于自我调整，主观适应客观，个人适应集体，不断地使自己与周边的环境保持一种动态平衡。而讨好与协调不是一般方式方法上的区别，首先是它的着力点错位，不是强调主观调整自我来适应客观，而是迁就和迎合他人的需要，来换取别人对自己的宽容或姑息。

讨好者的目的与动机并不是对称的，他不是通过调节个人与群体的关系，而是为了谋求狭隘的个人利益和需求，去讨好那些与自身利益有关的人，特别是那些有权有势的人。人都有一个弱点，就是喜欢听恭维话。对人说一些赞誉之辞，如果能言由心生，恰如其分，适合其人，相当有分寸，而不流于谄媚，将是一种得人欢心的处事方法，听者自然十分高兴，这未免不是好事。如果不问对象，夸大其词，竭尽阿谀奉承之能事，不仅效果不佳，有时还会被别人称为马屁精，落个坏名声，而且，花费的代价大、成本高。因为他不能做到同时去讨好所有的人，为了不得罪人，他必须不断地讨好，这不仅加大了成本，而且使自己活得很累，更主要的是会毁了自己的前程。

习惯于讨好的人，是不讲究做人原则的，当面一套背后一套，在人前讲人话，在人后讲胡话，为个人私利所左右，为讨好他人而无视自己的竞争力。大凡有正义感的人，对这种两面三刀的家伙都是非常反感的。

我们说要善于协调，并不是要人处世圆滑，不得罪任何一方。也不是要人当面一套、背后一套，当着张三说李四，碰到李四又说张三。其实，这种人是可耻的。但一个人如果能在坚持大原则的情况下适当地对一些无关大局的事作一点让步也是可以的，如果你能做到大家都喜欢你，那么在你的世界就是以你为中心的，你并没有失去什么，却会有意想不到的收获。而且，你生活的环境气氛融洽，自个儿心中也快乐得多。

善于协调的人，一般人际关系都十分融洽，在生活中也常常可以看到这样一种人，他们既不拉帮结派，又不是独来独往，他们是介于二者之间，既与这派有联系，又与另一派有瓜葛，你很难将他们划为哪一派，而且，很奇怪的是，这种人往往能同时为两派所接受。所以，办起事来才能左右逢源，得心应手，提高效率。因此，要谋求生存和成功，营造良好的人际氛围，讨好不是良策，协调才是好办法。

## 重视对方的自尊心

每个人都有好胜心，在与人交往的时候，应该重视对方的自尊心，抑制自己的好胜心。好胜心太强，不尊重别人的才能，可能会招致不必要的麻烦。

从前有某个显宦，非常喜欢下棋，自负无可相匹敌之人。某甲是他门下的一名食客，一次与显宦下棋，一开始就咄咄逼人，逼得显宦心神失常，满头大汗。某甲见对方焦急的神情，格外高兴，故意留一个破绽，显宦误以为可以转败为胜，谁知某甲突出妙招，局面立时翻盘。某甲很得意地道："你还不认输吗？"显宦遭此打击，因而感到心中郁闷，起身就走。虽然显宦有良好的修养，胸襟宽大，但也受不了这种刺激，自此对某甲就有了成见，而某甲则不懂为什么显宦不再与他下棋。后来，显宦为了这个原因，始终不肯提拔某甲。某甲郁郁不得志，以食客终其一生。忽略对方的自尊心，抑制不住自己的好胜心，小的过错铸成了终身的大错。

当遇到必须取胜、没有办法让步的情况，也需要给别人留一点儿余地。就像下围棋一样，"赢一目是赢，赢一百目也是赢"，只要能赢就行了，何必让对方满盘皆输？又如与人争辩时，以严密的辩论将对方驳倒固然令人高兴，但也没必要将对方批评得体无完肤。这么做不仅对自己没有好处，甚至会导致严重后果。在与别人发生摩擦的时候，就需要先了解清楚对方的想法，然后在顾及对方颜面的前提下，陈述自己的意见，留余地给对方。

锋芒外露只会让自己受到一些小人的陷害。

就像是某公司的小丽一样，她在刚进单位时，任职行政助理。虽然她只有中专学历，但她做事却非常努力，深得大家的喜爱。

刚好他们市场部经理张先生是一个重实绩而轻学历的人。没过多久，他就发现小丽身上有一股闯劲。他大胆地将小丽调到销售部门，并独立主持一个区域的工作。由于工作的缘故，所以他们经常一起出差、一起吃饭、一起探讨工作。可能是因为在一起的时间太多，渐渐地，办公室里就开始传出了他们关系暧昧的流言。

起初的时候，小丽对此一无所知，但她觉得周围人看她的目光越来越怪异。有一次，一位年长的同事意味深长地对她说："不要锋芒太露！"不得已，小丽只好去找要好的同事晓梅想问个明白。

晓梅一直都很后悔，不应该把听到的流言告诉小丽。她记得小丽听完她的话，吃惊得张大了嘴，半天说不出话来。小丽是一个很要强的人，她不能容忍无凭无据的流言再继续下去。第二天，小丽就找了办公室里那个最爱传播小道消息的"小广播"，警告她不要随便乱说话。但是对方却毫不示弱，结果，双方不欢而散。

从此以后，小丽在工作中常常分心。她有意和张经理疏远，但流言还是愈传愈烈。万般无奈之下，小丽提出了换一个部门的申请。结果，她被换到了公司的售后服务部。可能是因为售后服务部所需要的耐心细致和小丽的性格相去甚远，刚调到新岗位不久，她就与客户发生了争执。

原来，这只不过是工作中的一个小小的失误而已，但是，新的流言马上又传开了。有人说："小丽以前在销售部的业绩，都不是自己做出来的，而是张经理帮的忙，小丽根本就不能胜任销售部的工作！"

最后，这样的流言竟然影响到了售后服务部经理，他不得已做出了让小丽停职的决定。

所以，在职场中，一定要遵循"高调做事，低调做人"的原则，以免自己受到伤害。

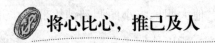 将心比心，推己及人

有这样一些人，他们的心中只有"我"，一切以"我"为中心，一切从"我"出发，对于别人的痛苦和快乐漠不关心。更有甚者，他们还时常把自己的意愿强加于别人，以一种极强的报复心理对待他人。这样的人，不仅没有朋友，而且还会得罪大多数人，结果受害更深的还是自己。

这些人不大懂得"将心比心，推己及人"的生活准则。这个准则是孔子提出的，这已是全世界的共同财富，是各种处世方式的基础，这种精神就是从爱心出

发，以己度人，推己及人，提倡人与人之间的宽容，互相帮助，互相关心，互相爱护，互相尊重。如果人人都只为自己着想，举天下以换一己之得，牺牲千万人为一己之私，那么这个世界岂不连虎狼世界也不如了！

战国时，梁国与楚国交界，两国在边境上各设界亭，亭卒们也都在各自的地界里种了西瓜。梁亭的亭卒勤劳，锄草浇水，瓜秧长势极好，而楚亭的亭卒懒惰，对瓜事很少过问，瓜秧又瘦又弱，与对面瓜田的长势简直不能相比。楚人死要面子，在一个五月之夜，偷跑过去把梁亭的瓜秧全给扯断了。梁亭的人第二天发现后，气愤难平，报告了县令宋就，说："我们也过去把他们的瓜秧扯断好了。"宋就听了以后，对梁亭的人说："楚亭的人这样做当然是很卑鄙的，可是，我们明明不愿他们扯断我们的瓜秧，那么为什么再反过去扯断人家的瓜秧？别人不对，我们再跟着学，那就太狭隘了。你们听我的话，从今天起，每天晚上去给他们的瓜秧浇水，让他们的瓜秧长得好，而且，你们这样做，一定不可以让他们知道。"梁亭的人听了宋就的话后虽不明就里，却还是照办了。

楚亭的人发现自己的瓜秧长势一天好似一天，仔细观察，发现每天早上地都被人浇过了，而且是梁亭的人在黑夜里悄悄为他们浇的。楚国的边县县令听到亭卒们的报告后，感到非常惭愧又非常敬佩，于是把这事报告给了楚王。楚王听说后，也感于梁国人修睦边邻的诚心，特备重礼送给梁王，既以示自责，也以示酬谢，结果这一对敌国成了友邻。

在现实生活中，我们会遇到很多争端，人们总是首先考虑自己的利益，不想让自己受到损失，但从解决问题的角度考虑，这种想法往往会使问题得不到顺利解决。如果这时能够本着"将心比心，推己及人"的原则设身处地地为对方着想，就能达成共识来解决双方的问题。

明朝宰相严讷很重视教育。有一年，他准备资助家乡建一座学堂，在规划地基时，自然要碰到民房拆迁问题。他告诫当地政府，一定要合情合理地处理拆迁一事。由于处理得当，房屋地基规划进行得很顺利。眼看就要结束时，在地基边缘有一座破旧的民房，主管人去查看时，见是一家卖水果蔬菜的小店，就对户主说："严宰相资助家乡盖学堂，你这房子正好在其范围内，需要拆迁，你出个价吧，亏不了你们家的。"户主世代居住此处，恋根性自然很强，但他也从内心钦佩严讷的义举，心中矛盾又不能不说："严大人为民着想，小民感激不尽。可我这房屋是祖上传下来的，在我手中丢了又觉愧对列祖列宗，小民很为难啊！您就把俺的心事禀明严大人吧，望求得他的谅解。"

这位户主语言婉转，但话中的意思很明确：他不会卖房的。主管人反反复复地劝说，这户主只是一个劲儿地称赞严宰相，卖房的事却一字不提。主管人又急怒不得，因为严宰相一再告诫不能对民粗鲁无礼。于是，他只得回去向宰相禀报。

严讷听了汇报，想了想说："他不肯卖就不必硬买。先动工兴建其他的房屋，这户人家我自有办法让他搬迁。"主管人磨破了嘴皮都未能说服这户人，听宰相如此说，甚觉好奇，便向他讨计。严讷说："不过是投其所好罢了，工地需要的水果蔬菜，全由这户人家去卖，价格随他，而且要预先付款。"

学堂如期动工，工地上热火朝天。几百号人的吃喝，全从那户人家采办，他家往日萧条的生意一下子变得兴隆了！全家人倾巢出动，起五更睡半夜地忙，有时还忙不过来，只得雇人帮忙。学堂的地基还未打好，这家人就已赚了不少钱。他添置了许多新家具，大人孩子购买了新衣，主人乐得合不拢嘴。可有一件事也着实为难了他，这便是满屋子储存着水果蔬菜，连下脚之处都没有了。工地上的活还早着呢！照此看来，这小屋真是太狭小了！

严讷已将这店主的心理掌握得一清二楚，他适时地派人去找店主："店家呀，过两天我们工地还要增加几百人，以后你的生意会更加兴旺发达了！"店主高兴得满面红光，但又非常歉意地说："全仗严宰相的关照，我们才有今日的富足。宰相当初想买下这片地基，我却舍不下这破陋的小屋，为难了你们，也辜负了宰相的厚意，小民实在愧对啦！"很快，店主主动让出小屋。严讷得知后，忙吩咐主管人在附近找一所宽敞的新屋卖于店主，那家人愉快地搬走了。

这事传出去后，人们纷纷赞誉严宰相的高尚官品，说他是个有智有谋，又能体谅百姓疾苦的好官。经过严讷宰相的一番努力，不仅让店主搬迁了，而且也为自己赢得了声誉。这就是推己及人的好处，它体现了一个人的智慧和品质。

己欲立而立人，己欲达而达人。你自己喜欢的，也是别人想要的；你自己不想要的，肯定也是别人讨厌的。你只要事事都从别人的立场去思考与行动，将心比心，推己及人，你的人际关系肯定会十分和谐。

## 多为自己储备"潜力股"

做人比做事难。做事容易看清，"种瓜得瓜，种豆得豆"的结果，在播下种子时就已经注定，需要关注的只是收成问题。做人不易看清，虽然知道"种因得果"的道理，却不清楚此时播下的是什么种，到时候会结出什么果。

但有一点可以肯定：种善因得善果，种恶因得恶果。与人交往，心存几分善意，结果肯定不会太坏。在具体操作上，只要自己过得去，不妨给别人留几分余地；只要现在过得去，不妨给将来留几分余地。如《菜根谭》云："事事留个有余不尽的意思，便造物不能忌我，鬼神不能损我。"

如何才能做到"有余不尽"呢？

其一，随时随地在别人心里留一分余情。即无论什么时候，都不要把事情做绝，宁可自己吃点亏，也要让人心存一分好感。他日有缘相见，这点好感也许已经发芽生根，长成了一棵友谊的大树呢！请看一个"留余情"的例子：

赵简子有两匹罕见的白骡，被他视为心爱之物。一天夜里，一位名叫阳城胥渠的小吏上门求见，对守门人说："请转告主公，主公的家臣阳城胥渠病了，医生说：如果能找到白骡的肝吃，病就能好；如果吃不到白骡的肝，必死无疑。"

守门人进去禀告了赵简子。董安于正在赵简子身边侍候，听完后，恼怒地说："嘿！阳城胥渠这个家伙！竟敢算计主公的白骡，请允许我去把他杀了！"

赵简子摇摇头说："杀人为了让牲口活命，未免太不仁义了！杀掉白骡救活人命，不正是仁爱的体现吗？"

赵简子马上命人杀掉白骡，取出肝，送给了阳城胥渠。

过了不久，赵简子出兵攻打敌国。阳城胥渠率领部众，舍生忘死爬上城头拼杀，俘敌无数，使赵简子大获成功。

这就是留一点余情的好处：尽管你的付出不一定每次都能得到报偿，但只要一次得到好报，就足以抵偿此前的所有付出。

从境界上来说，只对身边的人留余情，还不算很高明。若能以仁心对待所有人，随时随地留余情，那才是上乘的做法。

楚王曾问庄辛："君子的修养是怎样的？"

庄辛回答："住在家里，房屋不用筑围墙，也没有人损害他；走在路上，身边不用带侍卫，也没有人伤害他。这就是君子的修养。"

楚王又问："君子的富有是怎样的？"

庄辛回答："君子的富有是，借东西给别人，不要人家感恩，也不向人家索取；送东西给别人吃，不使唤人家，不差遣人家。亲戚爱戴他，众人喜欢他，不贤能的人追随他，都希望他长寿快乐，无病无灾。这就是君子的富有。"

楚王说："说得好呀！"

没有人愿意伤害一个对自己有益无害的人。同样，没有人不想伤害一个对自己有害无益的人。所以说，福祸通常是自己招来的。能做到人人希望你成功的境界，何愁事业不成？就算次一点，做到人人与你相见甚欢的程度，一生的快乐也很有保障了。

其二，做人不必太势利。你可以理解别人的势利，自己却不妨超脱一点。世界上需要一些傻瓜做陪衬，否则聪明人的优越感从哪里来？傻瓜看人看眼前，爱抱富人的大腿，戳穷人的脊梁骨。聪明人看人看将来，即使在对方处于低谷时也能发现"潜力股"。

《警世明言》中有这样一个故事，书生王某博学多才，但是却家境衰落，以至于多次失去上京赶考的机会。这一年，又到了乡试的时候，有心一展抱负的王生急得如热锅上的蚂蚁，思来想去，想起了一个父亲以前的朋友，抱着试一试的心态去借赶考的费用，哪料那人却翻脸比翻书还快，不但没有借钱给王生，反而还奚落了他一顿。

借钱不成反挨骂，王生沮丧至极，一时想不开，就要寻短见。无巧不成书，正在这时，村里另一个富翁看到了王生，了解到事情的原委，立刻慷慨解囊，资助王生上京赶考。秋后大榜昭告天下，王生一举夺魁，中了状元，衣锦还乡，不但还了原本借来的钱，而且又给了那户人家很多金银珠宝。王生父亲的朋友听说此事，也来献殷勤，不料王生已经回京上任了。

傻瓜们要等别人修成正果才去烧香，却已经赶不上了。聪明人能在看似没有路的地方铺出路来，所以他们的人生处处通途。

## 别人的生活习惯应尊重

我们用广阔的心灵去包容别人的举止，用宽容的胸襟去善待别人的言行，这样在尊重他人的时候，我们是不是也获得了生命之中最美好的东西呢？

一个人要成为好人，首先要学会尊重别人，包括朋友、学生、陌生人⋯⋯

也许这是一个简单浅显的道理，但是一个看似简单的道理，也需要用心去好好感受。正是因为我们经常觉得有些道理非常简单而往往会忽视它，不去用心感受它，所以经常会伤害到别人，甚至会伤害到自己。

在一本杂志上，有这样一个故事：

作者曾经到乡下的母校去听课。在中午吃饭的时候，他发现其中有一位老教师在喝完稀饭后，伸长了舌头，低下头，捧着碗"滋滋"有声地把碗底的残留稀饭舔得干干净净。如今的生活已经不是饿肚子的时代了，竟然还会有这样的老师。看到他这个样子，作者禁不住笑了出来。那位老教师听到笑声，现出惊异的目光，且不由得红了脸，极为羞愧地走出了吃饭的地方。一个下午，作者都没有看见老教师的身影。

临走的时候，作者终于看到了这位老教师的身影。他连忙走过去对老教师说了一些比较委婉的道歉的话。老教师抬起头说："这是我保持了几十年的坏习惯了。过去家里穷，吃不饱，经常要求家里的三个孩子这样做，我自己久而久之形成了习惯，到现在还是改不掉，丢脸了。"

听了老教师的话，作者深深地为自己中午的笑感到惭愧。

面对别人的习惯，如果我们没有真正地了解，只是浅薄地嘲笑，这本身就说明我们对生活的理解是多么的浅薄和无知。在我们笑出声的时候，谁又会知道别人的这个习惯是多么地令人尊敬呀！

在生活中，最珍贵的礼物是尊重和理解。当一个人收到这个礼物时，就会感到幸福，他的自豪感就会得到增进；而馈赠这个礼物的人，也会感到同样的幸福和充实，因为他在尊重和理解他人的同时，自己的精神境界会变得更为崇高，他的人格会变得更为健全。

因此可以说，内在的真善美是有待于你去发掘的宝藏。老教师在艰苦的年代里形成了这样的一个生活习惯，在现代人眼里是不可理解的，甚至是荒唐的。然而只要我们能够走进他的内心深处，我们就会深深地被他的那种和艰苦、贫穷作不懈斗争的勇气所折服。他的人格魅力因为这一个让很多人难以理解的动作而得到了升华。

在现在这个日新月异的时代，社会发展的车轮滚滚向前，但是所有朴实的人生道理就像滚滚黄沙中的黄金，它们不会因为黄沙的存在而消失，黄金永远是黄金。

在很多人的生活习惯中，我们都可以看到蕴含在这些习惯中的每一个人的个性。当然，有一些不好的习惯，我们不会学习和效仿，但是我们没有理由去嘲弄和取笑。尊重别人就是尊重自己。在这个广阔的世界上有足够的地方让自己生活也让别人生活，大家大可和平相处。

作家楚布拉德说，如果一个人种下遮阴树的同时明确知道自己绝不会在这些树下乘凉，那么他在发现人生意义方面就至少有了一个开端。在生活中，我们每一个人都会拥有自己的生活习惯和思维方式，当然我们无法保证所有的思维和习惯都是对的，但是当我们用谅解和尊重去面对别人的习惯时，不就是栽下了供人乘凉的大树了吗？

对别人的生活习惯强加指责的人，就像肩负沉重的包袱，这只能使他变得苍老，步履蹒跚。

生活就好像一条五彩斑斓的河，这条河里因为有了形形色色的人而充满了生命的活力，充满了欢歌笑语。让我们用善良的笑容，融合到这条美丽的生命之河中去吧！

## 不要侵犯别人的"领地"

每个人都有属于自己的"领地"，只不过当它以无形的方式表现出来的时候，就常常容易被忽略，而这也恰恰是最易出问题的时候。

所有动物都有领土意识，大至狮子老虎，小至老鼠昆虫，无不如此。我们豢养的宠物也是这样，像狗，它们在住处四周撒尿，就是在划领土，警告别的狗别越界闯进来，若哪只狗闯了进来，它便上前赶走。

"领土意识"基本上就是自卫意识，同样，人的表现虽不像动物那样直接明了，但自卫意识同样强烈，只不过在方式上有所不同。如果不注意这一点，就很容易自讨没趣，甚至遭到迎头痛击。人最基本的领土意识就是家庭，谁若未经同意闯入，轻者遭责骂，重者恐怕要遭一顿追打。不过，会犯这种错误的人不多，倒是很多人在办公室里忽略了这一点。如未经同意就坐在同事的桌子或椅子上、坐在主管的房间里、到别的部门聊天等等。

你不要以为这没什么，或是有"我又没什么坏念头"的想法，事实上，你的举动已经侵犯到了别人的领土，对方是会感到不快的。这不快不会立即表现出来，也不会像动物那样把你"驱逐出境"，但这不快会藏在心底，对你有了坏的印象，甚至怀疑"他对我到底有什么企图？或是来刺探什么？……"你不能怪别人这么想，因为有这种想法是非常自然的，换成是你，也是如此！所以，别人工作的地方，没有必要时，不要随便靠近。

还有一些"领土"是抽象的，但同样不可侵犯。比如工作的职权范围，要时刻牢记"不在其位，不谋其政"的古训，因为无论多么开放的职场，界线永远存在。你不要越线去做"帮助"别人的事，也许你是出于一片好心，问题是对方是不是领你的情。许多时候你的"热心"在别人看来往往是"别有用心"，这岂不是得不偿失。有句俗话说："狗拿耗子，多管闲事。"按理说，谁能"拿耗子"对主人来说都是一样的，但对猫来说，问题就不这么简单了。

猫有理由认为拿耗子是它分内的事，不用狗来管，狗去看好门就是尽责了，其实，这里的"领土范围"之争有一个明显的顾虑，如果主人有一只既会看门又会抓耗子的狗，他还要猫干什么，狗的好心被猫视为"抢饭碗"。

而且帮助别人做事往往会使被帮助的人接受这样一种暗示："你自己的事都

干不好，你很无能，我比你强。"这种暗示让人多么不舒服就可想而知了。

特别要强调的是，如果你还是某个部门的主管，那就更要注意了。

有时，你的部门一时人手紧张忙不过来，此时万不可以你的职位，不通过其他部门的主管就随意调用该部门的人员。对该部门主管而言，你是"手太长"，没把他放在眼里；对被调用人员而言，心中也充满了不平，"你算哪儿的？你管我？"这些通常不会显露在脸上，你又没有觉察到，傻乎乎地以为人家都很愿意帮你似的。然而实质上，你已经"侵犯"了别人的"领土范围"了。

还有一种情况，是过于依赖个人的关系而忽略应该走的"过场"，这也是一种"领土"侵犯行为。

比如，你与打字室的某人关系不错，因此你便直来直去，把一些要打的文件直接塞到打字人的手中，全然忽略了打字室的主管。这是最容易得罪人的一种行为，这无异于是对其"领土"的"公然践踏"，本来忙的都是公事，却不小心结下了"私怨"。

应切记，你所代表的是一个部门而不仅仅是你个人，这样你的行为往往被人们上升为部门行为，所以更要小心。这种领土意识看起来很无聊，但却是客观存在的，如果你不注意而侵犯了别人的领土，是会惹出你想也想不到的麻烦的。所以，"相互尊重主权和领土完整"是"和平共处"的基础，国际政治中如此，人际交往中也是如此。

# 第五章
## 原则不变了，该选方法了

当确定了我们做人的原则之后，我们就该寻找解决问题的方法了。在做事的过程中难免会遇到这样那样的问题，当遇到问题的时候，我们该采用什么样的方法才能将问题又好又快地解决，才是我们在做事的时候必须认真考虑的。

## 有问题，就一定有相应的方法

在工作中，我们经常会遇到一些无法回避，却一时难以解决的问题。这些问题往往接踵而至，让我们手足无措，无法一一请示上级该如何落实执行，更无法推托、逃避。作为一个下层执行者，我们应该做的只是服从和执行，而且应该自觉自愿地把每一件老板交代的事、自己应该做的事做到、做好。

很多时候，老板并不是不知道他交给我们的任务是一个费时费力，而且很可能是一件吃力不讨好的事，但老板不可能把这样的事情留给自己，而是希望我们付出智慧和努力来为他分忧解难。

这是一个挑战，同时也是一个非常好的表现机会。一个睿智的人会看到困难，但更会看到磨砺给自己带来的成熟和超越平凡的可能，看到成功的阶梯。我们想脱颖而出，就应该做到别人做不到的；别人能做到的，我们要做得更好。车到山前必有路，而且我们应该相信：不仅山前有路，而且还会有很多路，只是它们隐藏在草丛中、河溪旁、岩石后……我们应该相信，路很多，但与此同时我们要善于去发现，并找出最佳的路径。

有这样一个故事：

几位来自不同国家的商人正在一艘船上开会。突然，船出现了漏洞，开始下沉。船长命令他的副手去叫这些商人赶快穿上救生衣，跳到水里逃生。但几分钟后，副手却回来报告，那些商人并不听从他的劝告和指挥，没有一个人愿意往下跳。

船长思考了一会儿，便对副手说："你来接管这里，我去看看能做点什么。"一会儿船长回来说，"他们全部都跳下去了。"

副手非常奇怪："你是怎么让这样一群来自几个国家的人都听了你的话的？"船长回答："我没有一个办法能让所有人都听从指挥，但我想不同国家的人应该相应采取不同特点的劝说方法。我运用了心理学，我对英国人说，那是一项体育运动，于是他跳下去了。我对法国人说，那是很潇洒的，对德国人说那是命令，对意大利人说，那不是被基督教所禁止的。"

"那您是怎么让美国人跳下去的呢？"副手又问了一句。

"我对他说，他已经被买了保险。"船长笑着回答道。

当我们遇到问题，一筹莫展时，千万不要懈怠，更不能坐以待毙，要积极行动起来。方法总比问题多，世上没有趟不过去的流沙河，也没有翻不过去的火焰山。

面对问题，首先应该冷静地思考，分析它的来龙去脉和构成，注意每一个细节，找到每个可能使问题迎刃而解的突破口。

在西班牙曾经发生了这样一起劫案。西班牙的富商纳卡恰安的女儿——五岁的梅洛迪，在上学途中被三名匪徒劫走。数小时后，纳卡恰安的家人接到电话，匪徒勒索一千万美元。

纳卡恰安非常着急，急切地想去赎回自己的女儿，但一时之间，他只能筹到300万美元的现金。纳卡恰安没有办法，只得求助警方，而警方也一时未能得到任何有力的线索。随着时间的推延，一家人对梅洛迪的安危越发担心。

情急之中的纳卡恰安突然急中生智。他想起歌星妻子的最新唱片，那唱片封面上妻子照片中的眼睛，反映出了摄影师的影像。于是，他有了一个主意。当他再次接到匪徒电话时，立即要求他们拍摄女儿的照片，证实她仍然活着。

不久，纳卡恰安收到歹徒给女儿拍的照片后，交给了警方。警方立刻请摄影专家利用精密仪器，将梅洛迪的眼睛放大，果然从中看到了匪徒的相貌，知道了这个匪徒平日出没的地点。于是，为时12天的绑架案获得了突破性进展，警方根据这个线索，终于破了此案，使梅洛迪成功得救。

问题看不见，摸不着，却好像空气一样萦绕在我们周围。可以这样说，生活本身就是不断地遇到、发现并不断地解决问题。每当我们遇到棘手的问题，总觉"山重水复疑无路"时，只要你坚信，解决的方法总比问题多，那么你肯定会有"柳暗花明又一村"的惊喜。

每一个问题总有解决它的方法，方法总比问题多，我们不能把问题变得越来越复杂，而应把问题变得越来越简单。

不要被突然而来的问题吓倒，也不要为看似复杂的事情焦虑。是问题，就一定有解决问题的方法，问题多，解决方法更多，同时你还要善于从众多的方法中找到解决问题的最佳方法。

## 没方法，再多的执行也是徒劳

一砖一瓦看起来很渺小，但再宏大的蓝图不去一砖一瓦地积累也只是空中楼阁。执行是最终达成目标的唯一途径。但如果不假思索地一味按照最原始、最直接的方法去做，其结果不仅劳民伤财，而且最终结果可能不尽如人意。但如果我们找到了一个合适的方法，事情可能会豁然开朗，变得简单易行，成绩斐然。

有一次考试，题目是一道复杂的计算题，计算的内容冗长，有加减乘除，也有乘方开方，函数积分，而且计算内容一页还写不下，写到了第二页。而让人更着急的是，这样一道复杂的数学题，竟被要求在十分钟内完成。遇到这样的问题，如果我们急着一步步去算，可能只有罕见的数学天才才可能勉强完成任务。但如果我们并不着急去动手计算，而是仔细看看题目的特点和全貌，我们会有惊人的发现——原来前一页所有的计算内容都在一个小括号之内，括号的另一半在第二页题目的最后一行。另一半小括号后面不动声色地写了一个"× （169/13−13）"。

答案很简单，等于0。

当我们埋头苦干之前，应该为执行先找一个可行、高效的办法，而不是一味地卖力。正如我们常说的"磨刀不误砍柴工"，找到有效的方法比艰苦的执行更重要。

鲍洛奇最初在一家食品店里卖水果。有一次，食品店旁贮存水果的冷冻厂突然起火，虽扑救及时，但还是有20箱香蕉被火烤得有点发黄，而且香蕉皮上还沾了许多小黑点。

老板把这些香蕉交给鲍洛奇，让他降价出售。

鲍洛奇感到十分为难，但老板交代的任务又不得不完成。他只好硬着头皮将香蕉摆到了摊上，拼命地吆喝起来。但人们来到摊前，看到香蕉的模样，都失望地走开了。任凭鲍洛奇使出浑身的解数，竭力解释，仍是无济于事。一天下来，鲍洛奇喊破了嗓子，却连一根香蕉也没卖出去。

这天夜里，又累又沮丧的鲍洛奇对着香蕉出神。他又仔细地检查了一遍香蕉，没有变质，虽说皮上有些黑点，但由于烟熏火烧的缘故，吃起来反而别有一番风味。于是，鲍洛奇灵机一动，计上心来。

第二天，他又把香蕉摆了出来，依然是大声地吆喝，只是吆喝的内容与前一天大不相同："快来看呀，最新进口的阿根廷香蕉，正宗的南方水果，全城独此一家，数量有限，快来买呀！"

很快，摊前便围了一大群人。

"请问，您以前见过这样的香蕉吗？"鲍洛奇问一位年轻的小姐。他注意到这位小姐已经在摊前转了半天了，只是还一时下不了决心。

"没见过。不过看上去倒挺有意思的。"小姐回答。

"您尝一根，我敢保证，您从来没有吃过这么好吃的香蕉。"鲍洛奇说着，同时麻利地剥了一根香蕉，递到小姐的手里。

"嗯……确实有一种与众不同的味道。给我来10英镑的吧。"

有了这样一个好的开头，围观的顾客不再犹豫，一拥而上，纷纷掏钱购买。

20箱香蕉很快以高出市价近一倍的价格被抢购一空，还有许多慕名前来购买"阿根廷香蕉"的人们不得不失望而归。

毫无疑问，如果鲍洛奇按照老板的吩咐，一直用第一天的叫卖方式降价销售这批被火烤过的香蕉，肯定多半是无人问津，可能直到香蕉烂掉也不能全部卖出去。但鲍洛奇却成功地将香蕉卖了出去，而且以二倍于正常香蕉的价格卖出还供不应求。原因就在于他找到了将这批受过火烤，具有特殊外观和口味的香蕉推销出去的方法，找到了这批香蕉的"卖点"。

蔬菜超市的经理彭峰讲了他从一个普通业务员成长起来的故事。在进入这家连锁蔬菜超市不久，因为超市准备进一批还未正式上市的青笋，经理便叫他和另一名同事小周各自去市郊的两家大型批发交易市场打听青笋的进货价格，以便确定在哪里上货。中午的时候，彭峰赶了回来，而这时小周已经向经理汇报了青笋的价格。而他只好解释说，因为多跑了几个地方，所以回来得有点晚了。然后，彭峰不仅向经理汇报了青笋在市场上的批发价，还报了另外两种新出来的蔬菜价格。彭峰说，青笋的进价很高，但零售价更高，不太好卖。另外两种新出蔬菜的零售价与批发价的价差就比较大，而且整体价格不高，应该更好卖。他向经理建议，暂时不要进青笋，而可以把另两种新上市的蔬菜进一些来。经理对他的做法和建议十分满意，并予以了采纳。而彭峰不久就得到了重用，成为连锁超市的新任经理。

工作中也是如此，遇事我们不能找借口推托，但我们必须先弄清工作的目的，找到问题的突破口和解决办法，然后制定一个妥善全面的计划去实行。如果一味"不问得失""不计后果"地执行，结果可能并不令人满意，而且还会因为缺乏全盘考虑和必要的灵活性导致漏洞百出，最后可能是难以收场，让领导感觉"孺子不可教也"。因此，对我们而言，方法比执行更重要。

## 使用方法的最终目标是有好结果

执行的最终目的是完成既定的任务。为了达成目的，为了最快、最好地达成目的，我们必须从接到任务开始就积极策划，努力寻找最佳的解决方法，同时，面对执行的过程中产生的不可知困难，我们必须千方百计地找到达到目的的途径。否则，"行百里者半九十"，一旦我们畏惧、退缩了，前面的筹划和努力将全部付之东流。所谓"成者为王，败者寇"，只有成功者才有话语权，只有完成了目标才能赢得市场的回报、同事的尊重、老板的赏识和自己的信心以及成就感。

结果是重要的，但结果绝不是唯一的。为了达到目标，我们还应该懂得有所放弃，懂得在能力范围内做事才是最重要的。

贝尔纳是一位在法国影剧史上占有重要地位的著名作家，他一生创作了大量的小说和剧本，同时也是一位有很独到见解的智者。

一次，法国一家报纸进行了一次有奖智力竞赛，其中有这样一个题目：

如果法国最大的博物馆卢浮宫失火了，情况紧急，只允许抢救出一幅画，你会抢救哪一幅？

结果在该报收到的成千上万个回答中，唯有贝尔纳的回答以最佳答案获得了该题的奖金。他的回答是："我抢救离出口最近的那幅画。"

当大家都在争论卢浮宫的哪幅画最值钱，最能代表法国的艺术成就时，他们却忽视了另外一个问题，也是事实上最关键的问题——时间能允许我们去做更多的事吗？如果不能，我们就应该改变常规的想法和做法，去做最有把握的事情。

既然结果是我们的最高追求和唯一追求，我们就必须树立不达目的誓不罢休的坚强信念，采取法律和道德禁止范围之外的任何方法。

今天的经营环境充满了激烈竞争，今天的市场经济毫不留情，市场不会给我们第二次机会。所以，如柯达总裁邓凯达所说："在争夺新技术领导地位的战斗中，从来都有很多公司伤亡惨重，被清扫出局，将来还会有更多。唯一安全的位置是行业中的第一名。如果要玩，就要争做赢家。"如果不做赢家，我们就将是灭亡的那一个。想要生存下去，哪里最安全？第一的位置最安全，并且只有这个位置是安全的。

懂得太多的人，头脑中的框框也多，反而被自己束缚，错失发展和成功的机会。真正成功的人不是没有原则，而是懂得驾御原则。他们以结果为导向，因为结果重于原则万倍。如果我们不给自己任何的限制，就没有任何的限制可以限制我们。

在市场经济条件下，任何老板看重的都是我们能给公司创造的财富、空间和机会，他们在乎的不是过程，也对所谓的苦劳没有兴趣，他们只会追求结果，看重实际的效益。如果我们做到了，老板就能为我们提供财富、空间和机会。

联想集团有个很有名的理念："不重过程重结果，不重苦劳重功劳。"这是写在《联想文化手册》中的核心理念之一。这个理念是联想公司成立半年之后，开始格外强调的。

柳传志曾经在一个电视节目中谈起过这件事的由来：联想刚刚成立时，只有几十万元，却由于过于轻信人，被人骗走了一大半。而且骗他们的人，还不是一般的骗子，而是某个部门的干部。这一来，使公司元气大伤，甚至逼得员工要去卖蔬菜来挽回损失，重整旗鼓。

刚刚创业时候的联想，公司上下都有对事业拼命的干劲和热情。但是，如果只是强调繁忙、勤奋、卖命等，并不能保证财富增加与事业成功。不仅如此，商场如战场，光有善良、热情、好心等品质，如果不将结果放在应有的地位加以重视，没有冷静、踏实的经营作风，缺乏保证实现结果的智慧和方法，很有可能给企业造成巨大的损失，把七拼八凑弄来的一点原始资本损失殆尽，导致企业夭折、破产。

也正因为有了这样一次沉痛的教训，联想的经营风格变得稳重务实。"不忘旧痛"的警醒伴随联想一路风风雨雨走过了20年，从几个下海知识分子合作创立的小公司，变成了一家享誉海内外的高科技公司。

不管在什么样的体制下，不论是在行政机关还是公司企业，使自己成为一个有用的人、有竞争力的人都是我们的当务之急、生存之本。为此，我们唯有"以结果为一切行为的宗旨"，千方百计地实现目标，帮单位办成事，让企业实现效益，才能让自己笑到最后。

## 睿智的人懂得"三思而后行"

睿智的人，是懂得"三思而后行"的人。很简单，问题的解决、理想的达成如果仅仅靠时间和体力的消耗程度来决定的话，那么成为华人首富的就不是当年62岁的李嘉诚，跻身少数华人诺贝尔奖获得者行列的也不可能是文质彬彬的李政道。最优秀的人，往往是最重视找方法的人。他们相信凡事都会有方法解决，如果认真分析和思考了，总是会有更好的方法。而如果我们找到了正确的方法，就离问题的解决和理想的达成不远了。

李嘉诚之所以能成为首富，除了他的勤奋努力外，还有一个重要的方面就是，从打工的时候起，他就是一个找方法解决问题的高手。

李嘉诚1928年7月出生在广东潮州的一个书香世家。当老师的父亲原本希望李嘉诚能够考个好大学，接受完整的高等教育。然而父亲却突然去世，使得李嘉诚不仅上大学的梦想破灭，而且整个家庭的重担全部落到了才十多岁的他的身上，他不得不靠打工来维持家庭的生活。

最早，他找了一份在茶楼做跑堂的活，后来应聘到一家企业当推销员。

干推销员首先要能跑路，这一点难不倒他，以前在茶楼成天跑前跑后，早就练就了一副好脚板，可最重要的还是怎样千方百计把产品推销出去。有一次，李嘉诚去推销一种塑料洒水器，连走了好几家都无人问津。一上午过去了，一点收获都没有。如果下午还是没有进展，将没办法回去向老板交代。

尽管推销得不顺利，他还是不停地给自己打气，精神抖擞地走进了一栋办公楼。在他走进办公室前，他发现这里的楼道灰尘很多，突然灵机一动，他没有直接去推销产品，而是去了洗手间，往洒水器里装了一些水，将水洒在楼道里。原本很脏的楼道，经他一洒水，一下变得干净起来。这样一来，立即引起了办公楼行政主管的兴趣。结果，一下午他就卖掉了十多台洒水器。

李嘉诚这次推销成功的原因就在于他把握了一个推销的要领：要让客户动心，就必须掌握客户的心理，"听别人说好，不如看到怎样好；看到怎样好，不如使用起来好。"老讲自己的产品好，哪能比得上当面示范操作，让大家看到使用后的效果来得直接呢？

在做推销员期间，李嘉诚非常注重分析和总结。在干了一段时间的推销员之后，公司的老板发现李嘉诚跑的地方比别的推销员都多，成交率也最高。

原来，李嘉诚将香港分成几个片区，对各片区的人员结构进行了分析。了解哪一片的潜在客户最多后，就有的放矢地去跑，重点出击。这样一来，他获得的收益自然要比别人多。

这种不断地为工作找方法，从实践中总结方法的习惯使李嘉诚具备了成功的基本素质。他的个人成长史，其实就是一个不断用方法来改变命运的过程。

美籍华人、诺贝尔物理学奖获得者李政道偶然在同事的一次演讲中，知道非线性方程有一种叫孤子的解。他找来了所有关于孤子的资料，仔细分析了一个星期，专门挑别人的观点有哪些弱点和欠缺。结果他发现，所有的文献都是研究一维空间的孤子的。而在物理学中，最有广泛意义的是三维空间。于是，他便围绕这点进行攻关，仅仅几个月，就找到了一种新的孤子理论，用来处理三维空间的亚原子问题，获得了许多研究成果。

从一无所知到一下子赶到别人前面，李政道对自己的成功非常满意。他由此也得出了一个关于成功方法的结论——你想在科学研究过程中赶上、超过别人的话，你就一定要摸清楚在别人的工作里，哪些是他们不懂的。看准了这一点，钻下去，一定会有突破，并能超过别人。

做企业、做产品更讲究方法。

餐饮业是很有代表性的一个服务行业。纵观天下餐饮，有胜有败，有输有赢，赢在哪里，输在哪里，可能见仁见智，意见不一。但经营有道者，高就高在一个"道"——方法上。

做任何一件事，都要讲究一个方法。方法得当者，成；不得当者，不成。

纵观历史，兵圣孙子，率军攻敌，战无不胜。凭什么？兵法！——用现代话说，就是靠得当的方法。

在餐饮业中，为什么总有一些红火的店，门庭若市，生意兴隆？原因就是这些店的老板"脑子活"，善于运用各种方法来吸引顾客。

跟其他很多行业一样，做餐饮靠的主要也是回头客。但回头客经常在这里吃，而且可能爱吃的就是那么几种口味、几种菜品。那么，我们要如何才能使自己的菜肴让顾客百吃不厌呢？

我们要有自己的方法。或使用祖传烹饪秘籍，口味特别，别人无法模仿。或采取有效创新，不断有新菜给顾客带来惊喜。或有办法能摸准顾客的爱好，投其所好，等等。同时，在服务方面，我们也要跟上，让顾客"宾至如归"，觉得在这里消费特别惬意，就像在他的地盘一样。

如何才能使顾客对我们的服务满意呢？

也要有我们的方法——热情法 、温情法、冷酷法、标准法、勤劳法、幽默法、气度法等等，我们要拿得出来。

另外，如何才能使顾客对我们店面的环境满意？还是要拿得出办法来！

餐饮门店要赢，在方法上要多下点功夫。

生意好，不要得意忘形，而应时刻关注市场变化，及时实施应对方法，以保持长盛不衰。

生意不好，不要怨天尤人，而应认真分析经营状况，冷静思考改善方法，以尽快扭转局面。

智者不是靠卖苦力、拼时间、比耐性而取得成功的。智者的高明之处就是有领先一步，或是后来居上的方法。做什么事情都要讲方法，而不能一味蛮干，或不知道变通。

那些为工作不断寻找方法的成功人士，是值得我们学习的，他们做事的方法也是可以学习、模仿的。从需要努力、坚持这个方面讲，成功可能没有捷径。但是从办事方法、经营策略等方面来说，成功却是有捷径、有迹可循的。善于寻找方法的人，其成功的里程会大大缩短。

## 选择方法，坚决执行

有许多失败，其实如果我们肯再多坚持一分钟或再多付出一点努力，就是可以转化为成功的。在我们决定坚持不懈，不达目的誓不罢休地执行前，我们应该先选好一个具有可行性的方法。

也就是说，达成目标的要领是"三思而后行，行则百折不挠"。

　　在贝尔之前，很多人都宣称自己发明了电话，其中的菲利浦·利斯几乎要成功了，却由于电流的间断而无法通话。而贝尔在无数次的尝试中，偶尔把一颗小小的螺丝转动了四分之一圈，把间断的电流转换成等幅电流，一下子解决了这个问题，而成为电话的发明人。

　　利斯对此非常不满，认为贝尔盗用了自己的成果，并将贝尔告上了法院。法院经过实际的调查和慎重的讨论决定将电话的发明专利权判给贝尔。法院的判决书写道："利斯和贝尔两人之间的不同之处在于，利斯在中途停了下来，所以失败了。贝尔持续工作，直到取得成果。"

　　成功的人其实都有一个共同点，那就是善于学习前人的经验，改进前人的不足，然后拿出自己的方法后顽强地执行，直至成功。

　　在爱迪生发明白炽电灯之前，除了电弧灯（由19世纪初英国的一位化学家发明制成，其光线非常强烈，只能安装在街道或广场上，普通家庭无法使用），其他的"电灯"往往亮一下就烧毁了。为寻找合适的灯丝，爱迪生在发明电灯的过程中，认真总结了前人制造电灯的失败经验后，制定了详细的试验计划，分别在两方面进行试验：一是分类试验1600多种不同的耐热材料及6000多种植物纤维；二是改进抽空设备，使灯泡有高真空度。前后经历了无数次的失败，但是他毫不气馁，终于把用棉纱变成的焦炭装进玻璃泡里。一试验，效果非常好，灯泡的寿命一下子延长到13个小时，后来又达到45个小时。就这样，世界上第一批炭丝的白炽灯问世了。1879年圣诞，爱迪生电灯公司所在地洛帕克街灯火通明。最后，爱迪生把炭化后的竹丝装进玻璃泡，通上电后，这种竹丝灯泡竟连续不断地亮了1200个小时！

　　整个人类的发明史和文明史都是在对前人失败的不断总结中取得进步的。对前人失败的总结就是一个筛选方法的过程，就是为我们的成功确定一种可行的执行途径的过程。而在得到一个科学的方法之后，我们应该做的就是把这个方法贯彻直至达成最终的结果——成功，或者失败后再成功。炭丝灯泡的发明是这样，我们现在常见的钨丝灯泡也是如此。

爱迪生发明的这种炭丝电灯与以往的电弧灯相比，无疑显得实用多了。它的出现，标志着人类使用电灯的历史正式开始。然而，这种炭丝电灯亮度不理想，灯丝的制作方法比较复杂，而且使用的寿命也不是很长。因此，世界各国的科学家都在想方设法改进白炽灯。

在炭丝电灯诞生30年后的1909年，美国通用电器公司的库里基发明了以钨丝做灯丝的电灯泡。这种电灯与炭丝电灯相比，又前进了一步，但由于通电后钨丝极易变脆，因此它的使用寿命也受到影响。

1909年夏天，一位叫兰米尔的化学家来到美国通用电器公司工作。这位化学家造诣颇深，兴趣广泛。"要延长钨丝的寿命，必须要先了解钨丝'短命'的原因。"兰米尔一头扎进了钨丝变脆原因的研究中。他认为钨丝变脆是钨丝内的气体杂质引起的，他建议采用与抽真空相反的方法，即充气的方法，把各种不同的气体分别充入灯泡，看看各种不同的气体跟钨丝"相处"得怎么样。兰米尔打比方说："这好比把手伸到灯泡里，让我们亲自'触摸'一下钨丝。"

于是，兰米尔分别把氢气、氮气、氧气、水蒸气、二氧化碳等气体逐一充入灯泡，并采用不同的温度、压力等外界条件进行反复试验。最后，兰米尔发现，在高温下氮气并不离解，许多蒸发出的钨原子撞击到氮分子后又乖乖地回到了钨丝上。显然，氮气对钨丝有保护作用。也就是说，氮气能使钨丝的寿命延长。

经过四年的进一步研究，兰米尔终于在1913年发明了功率大、寿命长、效率高的充气灯泡。后来，兰米尔又把小直径灯丝圈成螺旋形，减少了热传导损失，并且发明了以氖气代替氮气而制成的小功率、高效率的充气灯泡。1928年，兰米尔由于发明充气灯泡和对高温低压下化学反应的研究做出的突出贡献，获得了美国化工学会颁发的铂金奖章。

作为电灯的两个关键发明者，不同时代的爱迪生和兰米尔却都具有一个共同的品质，就是对认定的事情，都有坚决贯彻、不达目的誓不罢休的勇气和坚韧。他们都近乎顽固地坚持对最佳结果的创造，试验每一种灯丝材料、每一种灯泡环境、每一种充气气体以及每一种气体在不同温度、压力下的特性。他们之所以能成功，就是因为他们懂得在工作中找方法，用持之以恒、锲而不舍的精神奋斗。

其实我们做任何事，不论是大事还是小事，方法都很多，但哪一种方法最有效，哪一种方法最实际，这要求我们有明智的判断力，要懂得在前人的经验和方法中去筛选出最佳方法，要善于借用别人的方法，在他人的方法的基础之上不断创新、不断发展。

## 方法+认真=成功

"不认真，做不得事。"认真是一种态度，是一种责任感，是一种成功的品质。当我们有了一往无前的勇敢决心后，我们要做的就是认真做好每一件工作，认真对待身边的每一个人，认真对待每一次情绪波动，认真总结每一次心得和灵感。

当有记者问到李咏，为什么他主持的《幸运52》会成功的时候，李咏回答："我认真地干每一件事，认真地对待观众，认真地对待自己，所以我才会成功。"

世间的事就是这样，付出总会有回报。如果我们认真地对待周边的人了，他们就会"投之以桃，报之以李"，使我们不再孤独，生活得快乐温馨。如果我们认真地对待工作了，工作就会对我们给予金钱、职位或荣誉的回报。

在NBA2005赛季76人队和活塞队的一场比赛中，76人队的"答案"艾弗森得到37分并送出15次助攻，使他职业生涯季后赛的平均得分达到30.4分。这个纪录，在联盟历史上比他高的只有迈克尔·乔丹（"飞人"平均每场能得33.4分）。

活塞队想尽办法防守艾弗森，先是总决赛MVP比卢普斯，接着是能跑能跳的汉密尔顿，最后是在奥运会中曾羞辱"答案"的阿罗约，但都没有成功，艾弗森一次次突破、远投、助攻，用拉里·布朗的话说："我们都知道他能做什么，但就是没人能阻止他。"

活塞队教练布朗曾是艾弗森的教练，他们在2001年曾联手打进总决赛。但在布朗的眼里，现在的"答案"比2001年时还要出色："他打了职业生涯最好的一个赛季，没有人比他做得更好。"而在汉密尔顿看来，艾弗森的成功之道在于认真的态度："自从进入联盟认识阿伦以来，我从来没听他说过'我是来作秀的'。他每场比赛都是如此认真。"

我们经常会看到这样的事，有些员工不是想通过认真工作而得到公司的重用，而是完全寄希望于投机取巧。有些员工则是以应付的态度对待工作，却希望得到老板的赏识，得不到重用就埋怨老板不能慧眼识英雄，慨叹命运之不公。

面对工作，我们要善于找方法，但却绝不能认为方法和头脑能代替认真和勤奋，聪明反被聪明误，失去了本应属于自己的升迁和加薪机会。如果我们能够认真尽到自己的本分，尽力完成自己应该做的事情，那么，总有一天，我们能够随心所欲地从事自己想做的事，赢得自己想要的体面生活。

一位在贸易公司工作了一年的年轻人对自己的现状非常不满，他忿忿地对朋友说："我在公司里的工资是最低的，并且老板也不把我放在眼里，如果再这样下去，有一天我就要跟他拍桌子，然后辞职不干。"

"你对那家贸易公司的业务都弄清楚了吗？对于做国际贸易的门道完全弄懂了吗？"他的朋友问道。

"没有！"

"君子报仇十年不晚！我建议你先静下来，认认真真地对待工作，好好地把公司的一切贸易技巧、商业文书和公司组织完全搞通，甚至包括如何书写合同等具体事务都弄懂了。然后当你什么都能干了，公司再也不能缺你了，你再一走了之，这样做岂不是既有许多收获，又狠狠出了口气吗？"

　　年轻人觉得这个建议非常好，他听从了朋友的建议，一改往日的散漫习惯，开始认认真真地工作起来，甚至下班之后，还留在办公室研究商业文书的写法。

　　一年之后，朋友再遇到他的时候，问他："你现在大概什么都学会了，可以拍桌子不干了吧？"

　　"可是，我发现近一年来，老板对我刮目相看，最近更是委以重任，又升职、又加薪，说实话，现在我已经成为公司的红人了！"年轻人显然对自己受到的优待有些受宠若惊，似乎有些意想不到。

　　"这是我早就料到的！"他的朋友笑着说，"当初你的老板不重视你，是因为你工作不认真，又不努力学习。但是，后来你痛下功夫，勤奋学习，能力加强了，肩负的责任也更多了，当然会令老板对你刮目相看。"

　　据说，古罗马有两座圣殿：一座是勤奋的圣殿；另一座是荣誉的圣殿。它们在位置安排上有一个秩序，就是人们必须经过前者，才能到达后者。这种安排的寓意是，勤奋是通往荣誉的必经之路。

　　世上无难事，只怕"认真"二字。有了正确的方法，还只是画好万丈高楼的宏伟蓝图，我们还必须认真地把好每一道工序的质量关，砌好每一块砖，焊好每一根钢筋，才能盖成经得起风雨考验的摩天大楼。只有把正确的方法认真做足了，做好了，做到一百分，才能把最终的目标圆满完成。

# 第六章
# 成功的捷径在于方法 的选择

都说"条条大路通罗马"，同样一件事，两个人都能完成，可是为什么其中一个人用的时间比另一个人少呢？因为他选对了方法。所以说，方法对想要成功的人而言非常重要，选对了方法，你就可以少走很多弯路，你就会比别人更早地获得成功。

## 🪙 成功是可以复制的

别人能够做到的，我们同样也能够做到，别人的成功经验和模式一样可以为我们所用。人类虽然已经进入了一个加速创新和讲求个性的时代，但我们的生活环境总保持着相对的稳定性，别人要学的知识，我们仍然需要学；别人做的事情，我们同样要从头做起。正如我们常常以那些成功的政治家、企业家或其他名人为学习对象一样，正是因为他们身上有着一些可以"为我所用"的成功特质。

成功是可以复制的。这跟我们的意愿无关，而决定于使用的方法，也就是参照别人是怎么去做的。有些人能达成目标，乃是花费了多年的心血，历经了无数的失败，才摸索出一套特别的方法。但是我们不需要走他们的老路，只要走进使他们成功的经验中，可能不多久就可以取得像他们那样的成就。

成功学家安东尼曾与美国陆军签订协议，帮助陆军进行新兵的射击训练。他找来两名神枪手，并找出他们在心理及生理上与常人的不同之处，建立了正确的射击要领。之后，他和两名神枪手一起对一批新兵进行为期一天半的课程训练。课后进行测试，结果所有人都及格，而列为最优等级的人数竟是以往训练人数的三倍多。

在企业界中，模仿更是司空见惯，尤其是在某种产品、某种商业模式出现的前期。后进者如果想在市场上分得一杯羹的话，那么他的首选必然是一招一式地向市场的先行者学习，依葫芦画瓢。

孔府宴酒原来是个小酒厂的产品，后来它采取了跟随同一个地区另一家名酒厂——孔府家酒的做法，处处刻意模仿学习：在广告上模仿孔府家酒的做法；孔府家酒的市场打到哪儿，它就打到哪儿；孔府家酒的经营定位在哪儿，它的消费群体就锁定哪儿；孔府家酒在什么媒体上做广告，它就在哪儿做广告……最后终于打出了名气，并与孔府家酒平分秋色。

要向成功者模仿，我们要像个侦探，像个测量员，不断地质疑并找出成功者得以成功的原因来。人生大部分的学习，就是从他人的成功里汲取经验。模仿别人时既可紧紧追随，也可取有选择及保持一段距离的追随。

世界汽车界巨头中，最能领会模仿精神的可能就是丰田了。自从它创立伊始，丰田喜一郎就认为模仿比创造更简单，如果能在模仿的同时给予改进，那就更好。

丰田的第一款发动机，就是丰田喜一郎把一辆雪佛兰大卸八块后造出来的。丰田批量生产的第一辆大型轿车A1模仿的是当时的克莱斯勒Airflow车型。1966年丰田推出的销量最大的花冠轿车，与当时欧宝Kadett十分相似。而陆地巡洋舰（Toyota Land Cruiser）的最初款式是1951年推出的BJ型吉普车，基本就是模仿美国在二战期间使用的Willy Jeep制造的。1988年款的凌志像奔驰。2001年本田推出Stream后，丰田也随即在2003推出了外形和理念与其十分相似的Wish。本田的步威（Step Wagon）则被丰田模仿生产出了沃克西（Voxy）和诺亚（Noah）。

日本丰田汽车公司的创始人丰田喜一郎原本可以做一个靠吃祖业过活的公子。他的父亲是日本的"发明王"丰田佐吉。丰田佐吉在他一生当中取得了84项专利并创造出35项最新实用方案。1930年，63岁的丰田佐吉去世，他留给子女的是一家拥有近万名员工的欣欣向荣的棉纺厂。人们都认为他的子女们应该从此过着无忧无虑的田园生活，但是这种设想被丰田喜一郎打破了。

1933年，对汽车制造情有独钟的丰田喜一郎设立了汽车部，并将一间仓库的一角划作汽车研制的地点。并于当年4月购回一台美国"雪佛莱"汽车发动机进行反复拆装、研究、分析、测绘。五个月后，丰田喜一郎着手试制汽车发动机，拉开了汽车生产的序幕。

1934年，他托人从国外购回一辆德国产的DKW前轮驱动汽车，经过连续两年的研究，于1935年8月造出了第一辆"丰田GI"牌汽车——也是日本第一辆国产汽车。根据流体力学原理，这辆样车采用了流线型车身和脊梁式车架结构，配以四轮独立悬架，构成了一种全新的车体机制，最高时速达到87公里。

1937年8月27日，丰田喜一郎另立门户成立了"丰田汽车工业株式会社"，地址在日本爱知县举田町，创业资金为1200万日元，拥有职员300多人。

为了使自己的工厂获得更大的发展，丰田喜一郎还远赴美国学习亨利·福特的生产系统。归国时，他已经完全掌握了福特的传送带思想，并下定决心在日本的汽车生产中加以改造应用。

作为一个学习型的公司，丰田就是在这样一种不断模仿先进公司的经营管理、生产方式中一步步成长起来的。其实不只丰田这样的日本车，美系车、欧系车都有这种现象。因为如果一种设计元素广受欢迎，汽车设计师们会不自觉地采用这些元素以增加产品的魅力和被接受的可能性。

而我们所处的互联网时代造就了不可胜数的百万富翁，原因就在于互联网创造了诸多的新赢利模式，而后继者争相模仿，才造成了今天互联网名人辈出、巨头并列的局面。

模仿是通往卓越的捷径，也就是说，如果我们看见某个人做出了不凡的成就，那么只要我们愿意付出时间和努力的代价，就也可以做出相同的结果来。如果我们想成功，我们只要能找出一种方式去模仿那些成功者，便能如愿。能推动历史发展的人，往往都是那些擅长模仿的人。

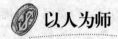 以人为师

由于天赋、经历、环境、专业、性格及关注焦点的不同，各人所拥有的知识

和经验是不一样的，每个人都有自己的专长。正所谓"尺有所短，寸有所长"，哪怕是伟大的人物，也有他的缺点和不足；哪怕再平凡的人，也有他的长处。

我们之所以要读书，就是去系统地学习前人实践总结出来的经过理论化的经验。但仅从书本上学习还是远远不够的，还应该向身边的人学习，主动向专家等有特殊技能的人学习。"三人行，必有我师"，这正是告诫人们要谦虚谨慎，不要自以为是，好为人师，而要有甘当小学生的精神。

20世纪60年代，当《人民文学》《人民日报》等报刊不断登出郭沫若的白话诗之后，刚从大学毕业分配到科学院电子研究所从事语言声学工作的陈明远给郭老写了一封信，措辞尖锐地批评道："读完那些连篇累牍的分行散文，人们能记住的只有三个字，就是您这位大诗人的名字。编辑同志大概对您的大名感到敬畏，所以不敢不全文登载。但是广大读者却对您的诗文寄托希望，所以不能不表示惋惜，甚至因失望而导致嘲笑挖苦。"

郭沫若给陈明远复信，对他敢于说真话甚为赞赏。信中说："我实在喜欢你，爱你……我告诉你，你的信一点不使我'烦扰'，而且是非常高兴。"

郭沫若还特意约见了陈明远，笑着问他："假若你当诗歌编辑，我的诗稿落到你手里，你怎么处理？"

陈明远认真地想了一会儿，回答说："对于您的来稿，我准备分三类处理。第一类，像《罪恶的金字塔》和《骆驼》这样的好诗，还有少数合格的，予以发表；第二类，有可取之处但尚需推敲斟酌的，提出具体意见后，退还您修改，改好了再看；第三类，诗味索然的，不要分行，当作散文、杂文对待，或者干脆扔到纸篓里去。只有这样，才是真正爱护您的诗句，也对得起广大诗歌爱好者啊。"

郭沫若听完哈哈大笑，连声说："好！我要碰到你这样的编辑同志就好办了，真是求之不得哩！"

像郭沫若这样学贯古今的大学问家尚且虚怀若谷，处在当今这样一个知识更新周期越来越短，学科分支越来越细的时代，就更需要克服刚愎自用、自以为是的毛病。因为，没有人能够成为"万事通"，谁也不能保证自己所学的知识一辈子够用。求教于人没坏处，只会让自己少走弯路、少吃苦头。别人给的建议我们可能并不认同，但多一种选择总比没有选择好。

美国历届总统中，最肯虚心求教于人的，莫过于老罗斯福了。他对于他所任用的人，总是深信不疑。他每遇到一件要事，就会召集与那事有关的人员开会，详细商议。有时为使自己获得更多的参考，甚至发电报至几千里外，邀请他所要请教的人前来商议。

而美国早期政界名人路易斯·乔治，治理政务也以精明周密而声名远播，但是他对于自己的学问还是常感怀疑。每当他做好了财政预算送交议会审核之前的几天，几乎每天都和几位财政专家聚首商议。即使一些极细微的地方，他也不肯放过求教的机会。他的成功秘诀，就是多多求教于人。

古今中外的伟人中，善于使用"求教于人"成功秘诀的，真是多得不胜枚举，我们简直可以说，通常身为领袖的人物，大多有着这种乐于征询他人意见的习性。我们更可以说，从一个人能获得外人助力的大小，可以决定他的伟大程度。一个聪明、有所作为的大人物，最能利用种种方法使人自动向他提供意见，并且善于审查这些意见，从中摘取有益于自己的内容加以利用。反之，那些庸碌无能的人，往往不懂得征询他人意见的方法，即使获取了他人的意见，也不能加以正确地选择和适当地利用。

我们之所以去学习、请教，就是因为别人的长处也可能正是我们的不足之处。同样，我们的长处，也可能是别人的短处。求教的目的是取别人的长处补自己的短处，让自己在遇到新问题和重要的问题时得到全面科学的意见。

有一次，罗斯福和一个牧场工人出外打猎，罗斯福看见前面来了一群野鸭，便追过去，举起枪来准备射击。但这时那个工人早已看见在那边树林中还躲着一只狮子，忙举手示意罗斯福不要动。罗斯福眼看野鸭快要到手，于是对他不予理睬。结果狮子在树林中听到了响声，便立刻跳了出来，窜到别处去了。等到罗斯福瞧见了，再赶紧把他的枪口移向狮子时，已经来不及射击，而被狮子逃脱了。

工人立刻瞪着愤怒的眼睛，向他大发脾气，骂他是个傻瓜、冒失鬼，最后说："当我举手示意的时候，就是叫你不要动，你连这点规矩都不懂吗？"

罗斯福对于那顿责骂，竟安然"接受"，并且以后也毫不怀疑地处处对他服从，好像小学生对待老师一般。他深知在打猎上，工人确实高他一等，因此，对方的指教是不会错的。

也许我们常常看见有些资格很老的人，能够独断独行而百无一失，便觉得十分羡慕。其实你还是只知其一不知其二，那些人能够独断独行而百无一失，正是由于他们在平日善于吸收知识，累积多年经验的结果。他们的作为，绝非那些学识浅陋、专以自炫"聪明"而独断独行的年轻人所能比拟的。

如果我们希望做事少碰钉子、少失误，最聪明的办法，就是多多参考别人的意见。有许多意见，常常是人家付出了极大的代价换得的经验之谈，他既然肯让我们不费吹灰之力地去利用，我们又何乐而不为呢？其实，世上再没有比听取别人的意见更容易做到的事了。但一般经验不足的人，可能大多不愿那样去做。

我们向人求教时，切勿先被一种成见所蒙蔽，以为自己平日对于某人的印象极佳，那人说出来的话，便一定没有错，这就是失去了理智的行为。实际上，我们应该先知道那人对于所问的事情懂不懂，有没有经验才行。

美国杂货业大王凡瑞·迈可说："年轻人平时最大的错误，就是对于任何事自己都先存了一种成见。当他们去请教于人时，实际上，并没有存着探索真理或求教有识者经验的目的。他们最后无非是希望对方对他们的意见大加夸奖一番。如果对方给了他们一个否定的回答，他们往往不区分事情曲直，只是大失所望，最后还是依自己的意思去做。"

如果我们知道求教于人并非是让自己的心意得到满足，而是找出一个正确的方法来，就应该真心、虚心地向人求教。正所谓"谦受益，满招损"，如果我们获得了比自己想法高明的意见，就该毫不吝惜地把原来的想法抛诸脑后。

## 从失败中总结成功的方法

在成功途中，失败是不可避免的。我们常说，失败是成功之母，但没有人愿意失败，哪怕一次也不愿意。所以我们必须学会从前人那里去学习成功的经验，同时我们也一定要关注他们的失败经历。

值得注意的是，每个人的成功大都有各自偶然的因素，但失败却有一些共同点，比如说一个企业的破产，就可能因为战略失误、内部管理失调、现金流不畅、用人错误等原因，而这些错误都是以后的企业很可能重蹈覆辙的。尤其是我们遇到一件以前没有人成功过的任务时，更加要认真分析失败的原因，从而汲取教训，调整我们的策略，改正我们准备工作中的隐患和不足，并在实施过程加以提防。

在美国硅谷，九成以上的创业投资公司都没有上市，而且很多公司都经历过大小不一的失败。在这里，员工在午餐后谈论得最多的是失败的案例。而这里的媒体和舆论也是这样，着重于对失败的分析和研究。在这里，失败是成功的，不谈论失败才是失败的。

开创小型机王国的DEC创始人奥尔森和开辟文字处理机时代的王安，曾被比尔·盖茨誉为"技术和市场结合的典范"，也是他学习的榜样。但同时，奥尔森和王安晚年所犯的严重错误，使他们的公司错过了PC机时代的这一严重教训也使比尔·盖茨引以为戒。

盖茨说："假如王安不犯错误，也许就没有今天的比尔·盖茨了。"他还说，"我决不会像奥尔森那样贪恋到67岁才退下来。"对于前人的失败，我们可以学到很多东西，有可借鉴的，也有应抛弃的。只要我们认真总结分析，就一定能找到更可行的方法。

中国历来是一个水患成灾的国家，从先民开疆辟土开始，我们就开始了祖祖辈辈和洪水的不断斗争，也不断地在前人失败的基础上获得治水的成功经验。

大禹治水是一个广为流传的故事。禹的父亲鲧花了九年时间治水，没有把洪水制服。因为他只懂得水来土掩，造堤筑坝，结果洪水冲塌了堤坝，水灾反而闹得更凶了，终因办事不力被新的部落首领舜砍头。舜又让鲧的儿子禹去治水。禹改变了他父亲的做法，用疏通河道、开渠排水的办法，经过13年的努力，终于把洪水引入了大海。

由于科技水平和治水工具的落后，中国历代的治水从来就没有一蹴而就的时候。大水大灾，小水小灾，尤其是曾孕育中原文明的黄河经常决口，泛滥成灾。历朝历代都将治理黄河、堵塞决口当作一件大事来抓。在同黄河水患的搏斗中，锻炼出了一批有丰富经验的水工，高超便是北宋庆历年间的一个水工。

庆历八年六月，黄河在大名府的商胡（今河南濮阳县东）决口。宋仁宗命三司度支副使郭申锡亲自去监督修河堵口工程。因水势凶猛，水工们花了很长时间也没能堵住决口。

以往堵决口时，在快要合龙时，要在决口放下合龙用的埽，以使河水断流。堵决口的关键就在这最后一下，所以也叫它"合龙门"。

埽是一种堵决口的器材，它是用秸秆、土石卷成的大圆捆，直径有三四米，长有100米。埽的两头用牵绳拉着，放到水中，以堵塞决口。

当时，黄河的决口有一里多宽，人们从两头筑堤，可到快要合龙时，100米长的埽放下去都被急流冲走了。这时高超便对郭申锡谈了他的看法。他认为埽身太长，岸上的人没有足够的力量使它沉到河底，水流又急，缆绳崩断，埽便被冲跑了。应将100米的埽分成三节，每节30多米，中间用绳索连接，先放第一节，等它沉到河底，再压下第二节、第三节。但别的河工认为这样不行，30多米的埽太小，不足以堵塞决口，只会白白地浪费许多工料。

高超解释说："第一节埽下去，确实不能将决口堵住，但水势却能减小一半；这时放第二节埽就不用那么费力了，水势基本上可以控制了；再放下第三节埽，那就像在平地上施工一样容易了，人力也可以展开。同时，在放第三节埽时，前面放下去的两节埽已经被泥沙淤住了，还能省许多人工。"

可是，负责的官员郭申锡觉得高超的意见太天真，100米的埽都被水冲走了，把30多米长的埽放下去岂不是更不管用。于是，郭申锡没有采纳高超的建议，还是按老办法，结果埽不断被冲跑，决口也越来越大。

宋仁宗得知决口非但没有堵住，反而越来越大，十分震怒，大骂郭申锡办事不力，并当场将其免职。这时，大名府的留守贾昌朝看到了郭申锡做法的失败，认真分析了高超的建议，决定采纳，并当即派人四处打捞漂散的埽料，采用高超的方法，最终将决口堵住。

从前人的失败中找成功的方法是我们降低尝试成本、争取更快成功的有效途径。对于失败者而言，失败不但是自己的一种宝贵经验，也应当勇敢、慷慨地与他人分享。毕竟一个人的智慧和见识是有限的，如果大家都能将自己失败的原因说出来，就能得到更多人的意见和建议，我们下一次的成功就又有了更多的保障。

当我们用一个苹果和别人交换苹果的时候，我们得到的仍然是一个苹果，而当我们与别人交流思想的时候，我们得到的是双倍的思想回报。失败的经验也是这样——既然我们可以从他人的失败中得到成功的启示，我们也应将自己失败的心得告诉他人，结果一定是得到大于付出。

## 量身剪裁学会"借"

对于别人的成功经验或是有效模式我们应该积极引进，但我们必须明白，这毕竟是"借"来的东西，毕竟和我们自身的实际情况存在差别。"拿来主义"的精髓就是"扬弃"：留下有用的东西，抛去不适用的；留下适合我们的，改造不适合我们的。不管是一个国家引进社会经济制度，一个企业引进管理经营制度，还是个人学习已有的成功模式，我们都必须坚持"量体裁衣"的原则，将引进的东西结合自身的特点本地化、特殊化、个性化。

作为中国民族产业骄傲的海尔正是靠着一股子善于模仿、善于学习的劲头，将一家亏损147万元，连贷款都借不到的电动葫芦小厂做成了一个年销售额406亿元，并保持了80%的平均增长速度的国际知名企业。

1991年海尔冰箱第一次进入德国，海关和商品检验局都不相信中国产品，8000台海尔冰箱硬是进不了德国。海尔请检验官把德国市场上所有品牌的冰箱和海尔冰箱都揭去商标，放在一起检验。检验结果，海尔冰箱获得的"＋"号最多，甚至比海尔的老师利勃海尔还多几个"＋"号。德国零售商闻讯赶来，当场签订了两万台的合同。事实证明，"中国造"完全可以和"德国造"或者"日本造""美国造"一比高低。而海尔以事实证明，他们不仅完全掌握了德国的生产技术和质量管理水平，而且还青出于蓝而胜于蓝，将产品做得比"老师"更好了。

海尔的目标是借鉴西方和日本的管理经验并与中国实际相结合，创出中国的世界品牌。

海尔的管理模式就是日本式管理（团队意识和吃苦精神）＋美国式管理（个

性舒展和创新竞争）＋中国传统文化中的管理精髓。

有一次，海尔和三菱重工合作一个项目，日方带来一整套的日式管理。张瑞敏告诉日本人，他们的办法不行，日本人坚定地摇头。可三个月之后，日本人又回来了，跟张瑞敏说他们的办法的确不行，请允许使用海尔的管理办法。

另一家民族企业的代表华为公司在引进HAY公司的薪酬和绩效管理系统时的做法更具典型性，正如其董事长任正非所说："在引进新管理体系时，要先僵化、后优化、再固化。"

用他在一次公司干部会上所讲的话来解释就是说，"五年之内，顾问们说什么，用什么方法，即使认为他不合理，也不允许你们动。五年以后，把人家的系统用好了，可以授权进行最局部的改动。十年之后，再进行结构性改动。"

"先僵化、后优化、再固化"，是华为公司行之有效的管理进步的基本方针之一。由于这"三化"具有明显的阶段性，华为称之为管理进步三部曲。

第一，僵化——站在巨人的肩膀上。

管理进步的基本手段，简单来讲有两个方面：一是向他人学习，二是自我反思。对于致力于成为世界级领先企业的华为公司，向西方有着优秀管理模式的企业学习尤其重要。但是，我们学习国外管理和学习国外技术时的心态往往是不一样的，学技术容易虚心，学管理却容易产生抵触情绪。因此，"如何学"就成为一个重要问题。为此，华为公司提出，在学习西方先进管理方面的方针是先僵化、后优化、再固化。

僵化就是学习初期阶段的"削足适履"。任正非在与HAY公司顾问谈话时明确指出："我们引入HAY公司的薪酬和绩效管理，是因为我们已经看到，继续沿用过去的土办法尽管眼前还能活着，但不能保证我们今后继续活下去。现在我们需要脱下'草鞋'，换上一双'美国鞋'。穿新鞋走老路当然不行，我们要走的是世界上领先企业所走过的路。这些企业已经活了很长时间，他们走过的路被证明是一条企业生存之路，这就是我们先僵化和机械地引入HAY系统的唯一理由。"

任正非正是从发展的角度和针对东方人的特性来看待先僵化的："现阶段还不具备条件搞中国版本，要先僵化，现阶段的核心是教条、机械地落实HAY体系……我们向西方学习过程中，要防止东方人好幻想的习惯，否则不可能真正学习到管理的真谛。"

第二，优化——掌握自我批判武器。

僵化是有阶段性的。僵化是指一种学习方式，僵化不是妄自菲薄，更不是僵死。任正非对此的看法是："当我们的人力资源管理系统规范了，公司成熟稳定之后，我们就会打破HAY公司的体系，进行创新。"这就由僵化阶段进入了优化阶段。

优化对象分为两块，一是国外引进的，一是自己创造的。学习外国的，除了要注意不能耍小聪明，即还没学会就要改进之外，还要注意不在优化时全盘推翻，我们坚持的优化原则是改良主义。

改进自己的，则要防止故步自封和缺少自我批判精神。只有认真地自我批判，才能在实践中不断吸收先进，优化自己。华为认为自我批判是个人进步的好方法，并把能不能掌握自我批判的武器，作为考核和使用干部的指标之一。

尤其重要的是，华为强调优化的目的是使管理变得更有效和更实用，而不是将西方式管理改造成中国式管理或华为式管理。任正非曾明确表示："我坚决反对搞中国版的管理、华为特色的管理，我们不是追求名，而是追求实际使用。"

第三，固化——夯实管理平台。

创新应该是有阶段性和受约束的，如果没有规范的体系进行约束，创新就会是杂乱无章、无序的创新，公司运作就会变成"布朗运动"。表面上看来，公司的运作特点是重变、重创新，但实质上应该是重固化和规范。固化就是例行化（制度化、程序化）和规范化（模板化、标准化），固化阶段是管理进步的重要一环。

1.例行化

管理就是不断把例外事项变为例行事项的过程。公司强调建立以流程型和时效型为主导的管理体系，就是要将已经有规定的，或者已经成为惯例的东西，尽快在流程上高速通过去，并使还没有规定和没有成为管理的东西有效地成为规定和惯例。

例外事项例行化，经验知识科学化，权力空间责任化，是公司对人负责制向对事负责制转变的关键，是各级干部的重要工作。将增值压力更直接地传递到每一个员工，就可以有效地提高人均效益水平。例行事项越多，处理例外的经理就越少；科学程序越多，归属个人的经验知识就越不需要；责任越能纳入流程，权力空间就越简明。

公司要进行的应该是围绕"事"进行的例行化，管理者的最大贡献就是利用自己的知识和智慧，解决业务发展过程中遇到的例外事项，并为例外事项的解决方法定出有效的规程或流程，然后交给拥有执行例行事项权力的员工去做。

2.规范化

中国人太聪明了，所以一些人学习态度不踏实，因此需要规范。中国人太聪明了，所以一些人总在不停顿地创新，因此也需要规范。中国人的聪明是有特点的，那就是知道得多，办法多，但规范不多。知道得多容易应付考试，办法多适应性强，但不重视规则和规范的特点，影响了中国人对科学知识、技术和理论的积累。我们不断创新知识和技术，但我们没能有效地规范知识和技术，因而我们只有知识和技术，少有知识产权和技术标准。如果我们再不把这个聪明规范化起来的话，等待我们的将是聪明反被聪明误——贫穷和受控。

因此，重视管理的规范化将是公司长期努力的目标和任务。规范化的具体手段之一是模板化、标准化，这是所有员工快速管理进步的法宝。

任正非指出，规范化管理的要领是工作模板化，就是我们把所有的标准工作做成标准的模板，就按模板来做。一个新员工，看懂模板，会按模板来做，就已经国际化、职业化了。你三个月就掌握的东西，是前人摸索几十年才摸索出来的，你不必再去摸索。各流程管理部门、合理化管理部门，要善于引导各类已经优化的、已经证实行之有效的工作模板化。清晰流程，重复运行的流程，工作一定要模板化。

一项工作达到同样绩效，少用工，又少用时间，这才能说明我们的管理进步。例行化（制度化）、规范化（模板化），两化的结果是固化，也是简化。有了固化和简化，就可以使我们在进一步夯实的管理平台上再建一层楼，使公司核心竞争力获得持续的、有质量的提升。

英特尔董事长葛鲁夫曾断言："华人对财富几乎有一种与生俱来的创造力，但对组织的运作似乎缺乏足够的热情和关注。"

华为的管理进步三部曲正是针对中国人的性格特点所总结的有效管理学习模式——"僵化式学习，优化式创新，固化式提升，进一步学习"。

而这种模式大可以推而广之，成为我们学习他人成功的有效模式。而且，这对大多不安于深入学习、缺乏规则意识的国人来说尤其值得思考和借鉴。

## 组建个人的"智囊团"

发达国家在制定政策时，我们经常可以看到一些战略智囊机构的身影，如美国的兰德公司（美国最重要的以军事为主的综合性战略研究机构，被誉为世界智囊团的开创者）。而中国也有像国务院发展研究中心这样的战略政策研究机构。他们对国家的发展战略、内外政策等诸多重要领域的研究报告、政策建议都对政策制定、领导人决策提供了重要的参考。

对于我们个人来说，组建一个自己的"智囊团"，对自己的事业、人生也都有着十分积极的作用。个人的智囊团不需要什么组织形式，只要自己在心中有了一些拥有各种专长，比如组织能力强的、社会经验丰富的、善于人际交往的、善解人意的、长于出谋划策的、敢于直言的或拥有一技之长的相对固定的人选，就可以发挥它应有的作用了。这样一个私人的"智囊团"实际上就是我们自己布置的一张核心的关系网，目的是帮助自己稳步成功，得到各方面的理解和支持。那些有着良好的人际关系，在处事时左右逢源的成功者，除了他们本身的优越条件外，还因为他们身边有一群非常要好的朋友。这些朋友为他们出谋划策，对他们提出高的要求，不让他们有丝毫的放松和半途的放弃。为了成功，我们也需要有这样一群良好的朋友，需要有这样一张良好的核心人际关系网。

"智囊团"应该由10个左右我们信赖的人组成。这首选的10个人可以是我们的朋友、家庭成员以及那些在事业上与我们联系紧密的人。他们能为我们创造一个发挥特长的空间，而且彼此都是朝一个方向努力。这里不存在勾心斗角，大家都不会在背后说东道西，并且会从心底希望对方成功。我们与他们的合作会在双方建立了稳固关系后，彼此形成一种强大的凝聚力。

大家会相互激发对方的创造力，并不断从对方身上得到灵感。为什么要将影响力内圈人数限定为10个人呢？因为这种牢不可破的关系需要我们一个月至少维护一次，所以10个人就足以用尽我们所有的时间。

另外，我们必须与至少15个人左右组成的后备力量保持一定的联系以作为10人内圈的补充。假如内圈中有一位退休或移居国外，那15人组成的后备军就派上用场了。其实，只要我们每月定期和他们取得联系，可以通过电话、传真、聚会、电子邮件或信件，这个团体的人数都会超过15人。

可能我们在选择后备的"智囊团"成员时会遇到彼此不太了解，却互相有很大帮助的人。对方在试图与我们建立关系时，总会打听我们是做什么的。如果我们的回答很一般，比如只是一句"我是某公司的一名经理"，可能就失去了与对方继续交流的机会。我们可以这样回答对方："我在某公司负责一个小组的管理工作，主要为我们的网络开发软件。我喜欢游泳，爱好打篮球，并且喜爱文学。"这种简单而不失个性的介绍不仅为我们的回答增添了色彩，也为对方提供了不少可以继续的话题，说不定其中就有对方感兴趣的。当他这样表示："哦，你打篮球？我也喜欢"时，相互之间就建立起了一种最初的关系。

建立关系网的前提，不是"别人能为我做什么"，而是"我能为别人做什么"。在回答对方的问题时，不妨补上一句，"我能为你做些什么？"

保持联系是建立成功关系网络的另一重要条件。当《纽约时报》的记者问美国前总统克林顿是如何保持自己的政治关系网时，他回答说："每天晚上睡觉前，我会在一张卡片上列出我当天联系过的每一个人，注明重要细节、时间、会晤地点以及与此相关的一些信息，然后输入秘书为我建立的关系网数据库中。这些年来，这些朋友们帮了我不少忙。要与关系网络中的每个人保持密切的联系，最好的方式就是创造性地运用你的日程表。记下那些对你的关系至关重要的日子，比如朋友的生日或周年庆祝等。在这些特别的日子里准时和他们通话，哪怕只是给他们寄张贺卡，他们也会高兴万分，因为他们知道你心中想着他们。"

关注他们近况的变化也不容忽视。当我们的关系网成员升迁或调到其他的单位去时，应该衷心地祝贺他们。同时，也应把我们个人现在的情况透露给对方。只要是关系成员的邀请，不论是乔迁之喜，还是对方女儿的婚礼，我们都要去露露面。如果我们经常出差，而且地点正好离某位关系成员较近，那么就可以与他共进午餐或晚餐。

当他们处于人生的低谷时，打电话给他们。不论关系网中谁遇到了麻烦，我们都要立即打电话安慰他，并主动提供帮助。这是我们支持对方的最好方式。

要维持我们的"智囊团"，必须要记住好的关系网络是双向的。如果我们仅仅是个接受者，无论什么网络都会疏远你。搭建人际关系网时，要做得好像我们的职业生涯和个人生活都离不开它似的，事实上也的确如此。

另外，要注意根据自己的发展情况和对方的变化，调整我们的关系网。时刻关注对网络成员有用的信息。应定期将我们收到的信息与他们分享，这是很关键的。

成功的"智囊团"需要将心比心，如果想要别人怎样对待我们，就要先怎样对待别人。只有先付出爱和真情，才能一呼百应，才能让我们的"智囊团"贡献智慧、提出问题、指正缺点，帮我们摆脱困境，走向成功。

我们应该学习别人成功的心得和经验，也可以组建拥有不同特长人的"智囊团"来帮助自己度过困境，赢取成功。这都是因为我们一个人的力量和智慧是非常有限的，为了达成目标我们必须学会与人合作，在工作中尤其如此。作为公司的一名成员我们必须学会尊重、欣赏别人，懂得服从，并乐于与人协作，不管我们个人有多大的本事，或者在某些方面比团队的其他人优越多少，我们的成功都离不开与他人的协作。只有有团结协作意识的人，才能迅速、有效、稳妥地达成目标。

20世纪60年代至70年代中期，日本创造了经济腾飞的奇迹，迅速成为世界经济大国，企业国际竞争能力跃居世界首位。

以美国为首的西方国家对一个小小的岛国何以能够在那么短暂的时间成为一个经济大国产生了浓厚的兴趣。他们对日本企业展开了深入的研究，希望找出日本经济奇迹的秘密。与此同时，日本各界也对"日本式经营"进行了深入的探讨，总结经验，为继续前进作准备。经过广泛深入的研究，人们普遍认为，日本企业强大竞争能力的根源，不在于其员工个人能力的卓越，而在于其员工整体"团队合力"的强大，起关键作用的是日本企业当中的那种新型组织形式——团队。

在竞争日益加剧的今天，要想取得成功，就必须充分运用人力资源，形成强大的团队合力，而不能光靠领导者殚精竭虑，却没有员工的思考参与；不能只是提高员工的个人能力，却没有有效的团队协作。

世上的植物中，最雄伟的当属美国加州的红杉。它的高度大约为90米，但是红杉的根只是浅浅地浮在地面而已。红杉的浅根是它能长得如此高的重要原因。因为根浮于地表，使它能方便快速地吸收大量赖以成长的水分和营养，使自己能够快速茁壮地成长起来。同时，它又不需要耗费太多的能量，像一般植物那样扎下深根。

但是，一般来说，越是高大的植物，它的根应该扎得越深，否则只要一阵大风，就能把它连根拔起，更何况像红杉这么粗壮的植物。那它是怎么抗击自然的狂风暴雨的呢？原来，红杉是成片生长的，而且一片红杉彼此的根紧密相连，一株连着一株。因此，即使自然界中发生再大的飓风，也无法撼动成千上万株根部紧密相连的红杉。

成功的团队就像一片把根部紧紧相连的红杉林，不仅让团队不惧风雨，无坚不摧，而且让每一位成员都得到了最充分、最快的成长。而如果我们不懂得互相配合和协作，即使再优秀的个体集合在一起恐怕也难成大事。

每年美国的职业篮球大赛结束后，NBA协会都会从各个优秀队伍中挑选最优秀的球员，组成"梦之队"赴各地比赛，以制造又一波高潮。但"梦之队"总是胜少负多，经常令球迷失望，为什么？其原因就在于他们不是真正的团队。虽然他们都是每一个球队最顶尖的球员，但是平时不属于同一团队，没有形成内部各成员间在打法、跑位上的特有流程模式，无法形成有效的配合，更谈不上默契，这样一来，个人本来应有的水平也受到很大的限制。

事实上，中国的文化传统中也是非常强调团队协作的。最有代表性的就是《西游记》中战胜九九八十一难，终于取得真经的唐僧师徒四人。假如把整个取经队伍分散开来，让每一个成员单独去取经，显然取经的任务是不可能完成的。

《西游记》中唐僧师徒四个人的性格、特长各不相同，一方面使得整个故事妙趣横生、余味无穷，而另一方面也意味着任何一个团队都是由不同性格、特长的人共同组成的。

唐僧代表的是一位追求完美的领导者。

在他眼里，似乎任何事情都可以做得尽善尽美，即便对于那些杀人不眨眼的强盗和妖怪，他也相信可以用善念去感化他们，而不是用暴力来解决。整个取经过程中他是最坚定的取经者，这也是完美主义者通常具有的性格，他们追求任何事情的完美，所以很注重最后目标的实现，一般很难放弃。

作为一个团队的领导者，就需要这样的性格，因为只有领导者的坚定不移，才能够带动整个团队的行动，而完美主义者所具备的长远眼光，使他们看问题更深刻，更有远见卓识。

完美主义者通常是一些情感较为丰富的人，这使得他们更加关注于内心的东西，也就更加关注他人。一个领导者如果能够很关心下属，这必然会使得下属对他敬重，从而也能够很好地服从指挥。事实上，在取经路上，孙悟空、猪八戒、沙和尚之所以能够坚持走到最后，在很大程度上也是因为唐僧对他们的关爱。孙悟空刚从五行山下出来后，唐僧便为他做了一条虎皮裙子，这使得从未被别人关心过的孙悟空大受感动，孙悟空后来的忠诚的部分原因也正是在这里。

不过完美主义者也有一个最大的缺点，就是过分地追求完美从而使自己变得敏感多疑，使工作效率降低。同时，由于他们对别人同样也要求完美无缺，并试图通过自己的言行去感化，但是事实上这是很难做到的事情，常常使自己受伤，变得郁郁寡欢。

孙悟空代表着能力超强、充满活力的员工。

他永不服输，总是在有困难的时候，第一个跳出去，喊一声："俺老孙来也！"对任何一个团队来说，拥有孙悟空这样力量型性格的人无疑是一种幸运的事，因为那些难做的事情只有靠这样的人才能解决，而且他们大多崇尚行动，做事情很讲求效率，能够为团队工作加快进度。

拥有能力超强的人对团队来说是一种幸运，但同时也可以说是最头痛的事情，因为不服从管理的往往也是他们。他们经常会自以为是，认为自己所做的一切都是对的，很可能未得到上级的批准，就擅自主张开始行动，从而破坏了全局的形势。

猪八戒代表那些爱偷懒、爱占小便宜，却活泼有趣的人。

《西游记》中的猪八戒无疑是最有趣的人物，也是最具人性化的形象。在取经队伍中，他是最为活泼的，常常妙语不断，风趣幽默。他的那种插科打诨给整个取经团队增添了不少乐趣。具备活泼型性格的人大多感情外露，他们对人热情，会让人与人之间的距离在短时间内缩短，和这样的人相处，不会觉得拘束，也不会引起什么尴尬。一个团队中如果拥有这样的人，无疑就等于团队内部有了一种润滑剂，他们会使得任何矛盾在瞬间化为乌有。

我们仔细想想，这样性格的人为什么会具有如此大的魅力呢？他们为什么能消解人和人之间的陌生甚至矛盾呢？答案也许很简单，那就是聪明。这种性格的人其实是拥有很大智慧的人，不过他们的智慧往往不会用在正事上，而是用在讨人欢心和怎样让自己占点便宜上了。

沙和尚代表那些勤奋、老实、忠于服从的员工。

在整个取经路上，取经一行人的行李始终都由沙和尚担着。但他从来不曾抱怨过，孙悟空走走跳跳，猪八戒一路话不停，唯有沙和尚一言不发，老老实实。在我们的工作和生活中，这种类型的人是经常遇到的，在很多场合，人们经常都忽视他们的存在，因为他们绝对不会去表现自己。在任何一个团队中，也正是沙和尚这样的人在担当着很多人都不屑的工作，但如果这些琐碎却很必要的工作没人做的话，一个团队也不可能得到最后的成功。

这种性格的人往往大多表现出对世事的漠不关心，似乎什么事情都不会让他们变得激动。这使得他们处事很沉稳，同时也使得他们大多看不到全局利益，不肯承担任何责任，做不成大事。他们害怕任何一点过错，不愿接受任何挑战，与人相处也是如此，不会去"得罪"人，因为太老实，也很难有人"得罪"他们。

正如取经的唐僧师徒一样，我们团队中的每个人都不可缺少，更不可能角色互换，否则，这取经任务也不可能完成了。我们在工作中，找准自己的角色是相当重要的。一个人，只有发挥了自己性格中的优点，把自己的职责做好了，才能得到属于自己的东西。大河有水，小河自然也就满了。团队的成功对每个成员来说都是一件幸事，每个人都将从过程和结果中受益。

真正的团队合作必须以别人心甘情愿与你合作，你也心甘情愿与他们合作作为基础。我们应该积极表现自己的合作动机，并对合作关系的任何变化都保持警觉的态度。团队合作是一个永无止境的过程，虽然合作的成败取决于各个成员的态度，但是维系合作关系却是我们责无旁贷的任务。

原则不变，方法随你

# 第七章
## 问题需要解决，
## 方法需要寻找

　　每个问题都有一个关键点，那就是能"牵一发而动全身"的地方。这个地方的最大特点是：它是一切矛盾的汇集处。抓到"牵一发而动全身"的地方，解决了它，其他的问题就会迎刃而解。

# 找出症结所在，抓住关键点

任何问题都有一个关键点，那就是能"牵一发而动全身"的地方。这个地方的最大特点是：它是一切矛盾的汇集处。抓到"牵一发而动全身"的地方，解决了它，其他的问题就会迎刃而解。

1933年3月，罗斯福宣誓就任美国第32任总统。当时，美国正发生持续时间最长、涉及范围最广的经济大萧条。就在罗斯福就任总统的当天，全国只有很少的几家大银行能正常营业，大量的现金支票都无法兑现。银行家、商人、市民都处于恐慌状态，稍有一点风吹草动都将会导致全国性的动荡和骚乱。

在坐上总统宝座的第三天，罗斯福发布了一条惊人决定——全国银行一律休假三天。这意味着全国银行将中止支付三天。这样一来，高度紧张和疲惫的银行系统就有了较为充裕的时间进行各种调整和准备。

这个看似平淡无奇的举动，却产生了奇迹般的作用。

全国银行休假三天后的一周之内，占全美国银行总数四分之三的13500多家银行恢复了正常营业，交易所又重新响起了锣声，纽约股票价格上涨了15%。罗斯福的这一决断，不仅避免了银行系统的整体瘫痪，而且带动了经济的整体复苏，堪称四两拨千斤的经典之作。

罗斯福用这样一种简单方法就能力挽狂澜，而且产生了立竿见影的效果，就是因为他一下抓住了银行——整个"国家经济的血脉"所存在的问题，抓住了整个经济中最重要的问题，并选择了一个最简单易行的方法去解决。

当时，美国正好出现了遍及全国的挤兑风波。银行最害怕挤兑，因为一出现挤兑，人们就会对银行和金融体系丧失信心，一旦对金融体系丧失信心，就会加剧人们的不安，导致挤兑潮的恶性循环。在这样的形势压力下，所有银行就像被卷入旋涡一样，被挤兑风波逼得连喘一口气的时间都没有。所以，罗斯福对经济形势深刻分析之后，采取果断措施，用休假三天来让银行整理好正常的工作思路，做好应对各种危机的准备。同时，采取多种措施进行宏观调控。银行的危机处理能力得到增强，人们的信心也开始恢复，问题就得到了逐步解决。

要解决问题，首先要对问题进行正确界定。弄清"问题到底是什么"，就等于找准了应该瞄准的"靶子"。否则，要么是劳而无功，要么是南辕北辙。

美国鞋业大王罗宾·维勒事业刚起步的时候，为了在短时期内取得最好的效果，他组织了一个研究班子，制作了几种款式新颖的鞋子投放市场。

结果订单纷至沓来，产品供不应求，即使加班加点也只能完成订单的一小部分。为了解决这个问题，工厂又招聘了一批生产鞋子的技工。但面对庞大的客户订单，现在的产能还是远远不够。罗宾非常着急，如果鞋子不能按期生产出来，工厂就不得不赔偿给客户一大笔钱，进而还会影响到工厂的声誉。

于是罗宾召集全厂员工开会研究对策。主管们讲了很多办法，但都不行。这时候，一位年轻的小工举手要求发言，"我认为，我们的根本问题不是要找更多的技工，其实不用这些技工也能解决问题。"

"为什么？"工人、主管们都很奇怪。

"因为真正的问题是提高生产量，我们可以从其他方面想想办法，增加技工只是手段之一。"

大多数人觉得他的话不着边际，但罗宾很重视，鼓励他讲下去。

他鼓足了勇气，大声说："我们可以用机器来做鞋。"

这在当时可是从来没有过的事，立即引起大家的哄堂大笑："孩子，用什么机器做鞋呀，你能制做这样的机器吗？"

小工面红耳赤地坐下去了，但是他的话却深深地触动了罗宾。他说："这位小同事指出了我们解决产能问题的一个误区。我们一直都认为问题是如何招更多的技工，但当一批订单过后，如何安排这些增加的技工去留成了一个棘手的问题。但这位小同事却让我们重新回到了问题的根本上，那就是要提高生产效率。尽管他不会创造机器，但他的思路很重要。因此，我决定奖励他500美元。"这相当于这个小工半年的工资。

罗宾根据小工提出的新思路，立即组织专家研究生产鞋子的机器。四个月后，机器生产出来了，世界从此进入到用机器生产鞋子的时代。罗宾也由此以领先者的姿态成为了美国著名的鞋业大王。

罗宾·维勒在自传中谈到这个故事时，特别强调说："这位员工永远值得我感谢。假如不是这位员工给我指出我的根本问题是提高生产率而不是找更多的工人，我的公司就不会有这样大的发展。"

这个事例，向我们讲述了一个十分重要的道理，那就是遇到难题，首先是对问题进行分析，弄清问题的实质，找到问题的关键点，解决"牵一发而动全身"的关键问题。

## 遇事不钻牛角尖

这个世界上没有什么事情都能被完全预见，因为未来将要发生的事有太多的不可知因素，有太多的变数。为了应付这些难以预见的情况，我们必须为目标的实现预备多种应变方案。在已经选择的方法遇到极大阻碍，已经毫无实现的可能时，我们必须快刀斩乱麻，此路不通另辟蹊径，迅速地实施新的推进方法，以求目标的实现。

有位科学家曾做过这样一个试验：

　　把几只蜜蜂放在瓶口敞开的瓶子里，侧放瓶子，瓶底向光，蜜蜂会一次又一次地飞向瓶底，企图飞近光源。它们决不会反其道而行，试试另一个方向。因为瓶中对它们来说是一种全新的情况。因此，它们无法适应改变之后的环境。另外，在长期的生存经验中，蜜蜂也只知道有光的地方才是开放的、有出口的，而黑暗的地方肯定是封闭的、会碰壁的，就如它们生活的蜂巢一样。

　　科学家又用同样的方式做了一次试验。这次瓶子里不放蜜蜂，改放几只苍蝇。瓶身侧放，瓶底向光。结果不到几分钟，所有的苍蝇都飞出去了。它们多方尝试——向上、向下、面光、背光。苍蝇常会一头撞上玻璃，但最后总会振翅飞向瓶颈，飞出瓶口。

　　科学家解释这个现象说："在常规方法遇到障碍的时候，我们应该考虑是否有其他可行的方法。横冲直撞要比坐以待毙高明得多。"

　　瓦特改进、发明的蒸汽机是对近代科学和生产的巨大贡献，直接导致了第一次工业技术革命的兴起，极大地推进了社会生产力的发展，是公认的蒸汽机发明家。他在对蒸汽机创造性的改进过程中，就充满了对传统理论和习惯思维的不断挑战，表现出了超人的创新精神和实践勇气。

　　少年时代的瓦特，由于家境贫苦和体弱多病，没有受过完整的正规教育。但在父母的教导下，他一直坚持自学，到15岁时就学完了《物理学原理》等书籍。

　　17岁的时候，瓦特到伦敦和格拉斯哥的工厂当工徒。凭借着自己的勤奋好学，他很快学会了制造那些难度较高的仪器，练就了精湛的手艺。

　　30岁那年，在教授台克的介绍下，瓦特进入格拉斯哥大学当了教学仪器的工人。这所学校拥有比较完善的仪器设备，这使瓦特在修理仪器时接触到了当时最先进的技术。这时，他对以蒸汽为动力的机械产生了浓厚的兴趣。

　　一次，学校请瓦特修理一台纽可门式蒸汽机。在修理的过程中，瓦特熟悉了蒸汽机的构造和原理，并且发现了这种蒸汽机的两大缺点——活塞动作不连续而且慢；蒸汽利用率低，浪费燃料。

之后，瓦特开始思考改进的办法。开始的时候，瓦特一直着力于如何在纽可门蒸汽机原有的设计思想上进行改进，但一直没有实质性的进展。

一年后，在一次散步时，瓦特想到，既然纽可门蒸汽机的热效率低是蒸汽在缸内冷凝造成的，那么为什么不能让蒸汽在缸外冷凝呢？瓦特产生了采用分离冷凝器的最初设想。

在产生这种设想以后，瓦特在同年设计了一种带有分离冷凝器的蒸汽机。按照设计，冷凝器与汽缸之间有一个调节阀门相连，使它们既能连通又能分开。这样既能把做功后的蒸汽引入汽缸外的冷凝器，又可以使汽缸内产生同样的真空，避免了汽缸在一冷一热过程中热量的消耗。根据瓦特的理论计算，这种新的蒸汽机的热效率将是纽可门蒸汽机的三倍。

从1766年开始，在三年多的时间里，瓦特克服了在材料和工艺等各方面的困难，终于在1769年制出了第一台样机。同年，瓦特因发明冷凝器而获得他在革新纽可门蒸汽机的过程中的第一项专利。

自1769年试制出带有分离冷凝器的蒸汽机样机之后，瓦特就已看出热效率低已不是他的蒸汽机的主要弊病，而活塞只能作往返的直线运动才是它的根本局限。如何改变活塞的直线运动方式，又使活塞能够正常做功呢？瓦特想改变这一原始方式，却一直未能成功。

1781年，瓦特在参加圆月学社的活动时，会员们提到天文学家赫舍尔在当年发现的天王星，以及由此引出的行星绕日的圆周运动启发了他。他想到了把活塞往返的直线运动变为旋转的圆周运动就可以使动力传给任何工作机。同年，他研制出了一套被称为"太阳和行星"的齿轮联动装置，终于把活塞的往返直线运动转变为齿轮的旋转运动。为了使轮轴的旋轴增加惯性，从而使圆周运动更加均匀，瓦特还在轮轴上加装了一个小飞轮。由于对传统结构的这一重大革新，瓦特发明的这种蒸汽机才真正成为了能带动一切工作机的动力机。

1781年底，瓦特以发明带有齿轮和拉杆的机械联动装置获得了第二个专利。由于这种蒸汽机加上了轮轴和飞轮，这时的蒸汽机在把活塞的往返直线运动转变为轮轴的旋转运动时，多消耗了不少能量。这样，蒸汽机的效率不是很高，动力也不是很大。为了进一步提高蒸汽机的效率，瓦特在发明齿轮联动装置之后，对汽缸本身进行了研究，他发现，虽然把纽可门蒸汽机的内部冷凝变成了外部冷凝，使蒸汽机的热效率有了显著提高，但他的蒸汽机中蒸汽推动活塞的冲程工艺与纽可门蒸汽机没有不同。两者的蒸汽都是单向运动，从一端进入、另一端出去。

他想，如果让蒸汽能够从两端进入和排出，就可以让蒸汽既能推动活塞向上运动，又能推动活塞向下运动。那么，蒸汽机的效率就可以提高一倍！

1782年，瓦特根据这一设想，试制出了一种带有双向装置的新汽缸，由此瓦特获得了他的第三项专利。把原来的单向汽缸装置改装成双向汽缸，并首次把引入汽缸的蒸汽由低压蒸汽变为高压蒸汽，这是瓦特在改进纽可门蒸汽机的过程中的第三次飞跃。通过这三次技术飞跃，纽可门蒸汽机完全演变成了瓦特蒸汽机。

从最初接触蒸汽技术到瓦特蒸汽机研制成功，瓦特走过了二十多年的艰难历程。瓦特虽然多次受挫、屡遭失败，但他仍然坚持不懈、百折不回，不断地对前人和自己的方法进行否定和改进，此路不通时，便另辟他径，不断尝试，终于完成了对纽可门蒸汽机的三次革新，使蒸汽机得到了更广泛的应用，成为改造世界的动力。

懂得另辟蹊径的人不仅需要极具创意的头脑、灵巧的双手，还要有一颗热爱生活的心，善于发现、善于利用，其实，可以改变和创新的事物的确不少。

切苹果历来都是竖着切，人们从来都如此，谁也不曾想过横着切，而且还会认为横着切是错的。可是一个六岁的孩子却横着把苹果切开了，因为他脑子里没有"横着切是错的"这样的框框。于是人们就看到了苹果的横断面上的那个由果核组成的五角星。

可见，如果不改个切法，人们永远也发现不了这个五角星，所以这件小事告诉我们，做事不要被固有的思维定式所束缚，另辟蹊径，别有洞天。

对横切苹果的切法大喊"切错了"，这不正是当今一些被固有的思维定式所束缚的代表吗？他们不知道另辟蹊径会别有洞天，因此不能创新、不能有所进步。生活在现代的我们一定要抛弃旧观念、旧做法，大胆创新，另辟新路。在思考问题的时候敢于从新的角度入手，只有这样，才能得到新的结果，才能有所进步。

在我们的生活中，常有这样的情况，一些做事方法经过人们多年的重复，在人们头脑中固定下来，大家墨守成规，不再想着另选一种方法，因而事情永远是老样子。其实这些旧有的方法，也许并不是最好的，只不过大家都这么做而已。在这种时候，想要发展进步，这种旧有的观念就成了绊脚石，它会阻碍我们的前进。

举个圆珠笔的例子说吧。圆珠笔刚发明的时候，芯里面装的油较多，往往油还没用完，小圆珠就被磨坏了，弄得使用者满手都是油，很狼狈。于是很多人开始想办法延长圆珠的使用寿命，用过不少特殊材料来制造圆珠，但是珠子仍然在笔芯中的油没用完时就坏掉了，因而很多人认为圆珠笔将被淘汰。就在这时候，有人抛弃了改进圆珠的做法，改换思路，把笔芯变小，让它少装些油，使油在珠子没坏之前就用完了。于是，问题解决了，圆珠笔大行于世。由此可见，在某些时候，旧的思维定式不能解决问题，就一定要改换想法，另辟路径。

俗话说"别一条道跑到黑"，应该给我们些启发。它虽说通俗，却一样在告诉我们：另辟路径，就会别有洞天。

总之，我们如果敢于冲破条条框框，就会成为一个另辟路径的革新者！

## 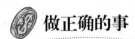 做正确的事

　　管理学大师彼得·德鲁克曾在《有效的主管》一书中指出："效率是'以正确的方式做事'，而效能则是'做正确的事'。效率和效能不应偏废，但这并不意味着效率和效能具有同样的重要性。我们当然希望同时提高效率和效能，但在效率与效能无法兼得时，我们首先应着眼于效能，然后再设法提高效率。"在实际的商业行为和个人工作中，人们关注的重点往往都是效率和正确做事。

　　工作和生活中有太多太多的事情等着我们去做，有太多急迫的、重要的问题等着我们去解决，但我们却分身无术。如果不能在做每一件事前确认哪些事是我们现在必须做的，哪些事情是可以明天做的，哪些事情是可以不做或交给别人去做的，哪些事情是紧迫的，哪些事情是应该花一生的时间去做的，那么，我们将永远无法让自己得到一刻的安宁，就会陷入疲于应付的深渊。

　　很多人都知道管理学中有个"80/20原理"——即80%的价值是来自20%的因素，其余的20%的价值则来自80%的因素。

　　这个原理最早是19世纪末20世纪初意大利经济学家兼社会学家维弗烈度·帕累托提出的。它的原意是在任何特定群体中，重要的因素通常只占少数，而不重要的因素则占多数。因此只要能控制具有重要性的少数因素即能控制全局。

　　一个保险公司在偶然情况下针对其客户交易额的大小进行分类，结果发现总营业额之中几乎有90%源自总客户中不足10%的大客户。这个发现促使该公司对大小客户一视同仁的营业政策实施了巨大的改变——集中时间服务于少数的大客户。结果，该公司的总营业额及利润即出现增长的趋势。从前每天疲于奔命，却

所获不多的业务员们，现在脸上开始有了笑容。

现在我们可以看到，不仅保险公司、银行，而且几乎大部分的公司或服务机构都设立了类似于大客户服务部这样的机构，针对少数的大客户提供一对一的全方位服务，或者为经常光顾的熟客提供打折或赊销的优惠政策，来抓住客户。

"80/20原理"被推广到很多领域，在我们的实际个人工作生活中也是如此。效率低的人80%的时间用在应付琐碎、无谓的小事上，却只抽出了大约20%的时间用在那些对自己的加薪、升职或提高个人能力有帮助的事情上面。效率高的人士则正好相反，他们会有所选择，懂得如何去拒绝、转交或集中办理一些不对自己前途产生重要影响的事情，把主要精力花在关键问题上。

正确做事不仅意味着选择，更意味着坚持，面对各种外界的诱惑和考验，不为所动，自始至终坚持自己认定的方向，把主要的精力放在自己应该做的事情上。

南存辉是温州最大的企业集团正泰集团的创办者，自他创办公司以来，他就走上了一条与温州大多数企业不同的发展道路。南存辉的成功就来自于对产品质量的坚持，对主要产品的坚持，而不是靠投机取巧或搞所谓的"短平快"来获取暂时的优厚利润。这是他正确做事的方式。

在距温州市区40多公里的柳市镇，12平方公里的范围内分布着上千家低压电器的厂家。这里低压电器的产量、产值占据了全国的1/3，是名副其实的低压电器王国。曾几何时，"柳市电器"成了假冒伪劣的代名词。偷工减料的劣质产品像洪水般流向全国各地，也为投机者带来了巨额的财富。

无论在西方还是东方，资本的原始积累似乎都带有掠夺性和欺骗性。也有人曾经给柳市镇的低压电器下了定论说，柳市镇的资本原始积累正是假冒伪劣低压电器的生产过程。然而南存辉走的却是另外一条路。南存辉是和他的朋友们偷偷摸摸地干起来的。产品开始生产的第一个月，他们赚了35元。35元实在是太寒酸了，可南存辉却高兴得手舞足蹈，因为在假冒伪劣浊浪汹涌的柳市镇低压电器市场，他却能用诚实、勤劳赚到钱。

1985年，敢想敢干的南存辉以住房折价，与同学共同出资五万元，办起了"求精开关厂"。这个名为"求精"的作坊式小型工厂仅有员工八名、资产五万元、年产值一万元。

创业伊始，南存辉就采取了与众不同的产品定位，坚持质量第一，精益求精。因为生活所迫，13岁开始走街补鞋的他，曾经对朋友说："我修过无数的劣质鞋，听过客人对制鞋厂家无数的骂。生产假冒伪劣产品的人，就算不折寿也没好结果。我们要干，就要讲究质且不能赚昧良心的钱。"初出茅庐、位卑言轻的南存辉这种逆"柳市潮流"而动的言行，遭到了当时某些大业主的奚落："臭皮匠也来赶时髦，五万元也敢说大话，呸！"

南存辉毫不理会他人的白眼，主动采用了国家生产标准，踏踏实实地狠抓质量，就像他给工厂起的名字"求精"一样，他要以质量求生存。因为当时他们并不懂得质量，只知道装出来像个产品就卖出去，东西虽然是卖出去了，但一向认真的南存辉心里却在担心，怕质量出问题，一旦出现客户要退货的情形，他便感到良心在受谴责。

为了解决这个问题，南存辉不惜血本，几乎倾尽所能请来了上海人民开关厂的工程师。当这些工程师来到求精开关厂，他们不免大吃一惊。在他们眼里，它比作坊还不如，什么东西都没有，好多工程师来了以后都回去了，因为这里没有工作模具，没有大型设备，没有检测工具，实在太简陋了。但是，终于有几个工程师被南存辉的真诚与信念所感化而留了下来。这些工程师帮他们抓技术、抓质量，教他们怎么才能把质量做好。

1989年，柳市镇的低压电器受到全国范围的抵制，大批违法经营者被依法取缔或自行倒闭。柳市镇的街道冷冷清清，一片萧条。但求精开关厂的低压电器产品，却由于质量可靠，畅销全国，赢得了信誉，也赢得了市场。

1989年，南存辉领取了由国家机电部颁发的低压电器生产许可证，这在低压电器厂家林立的柳市镇还是第一家。

上世纪90年代初，南存辉与远在美国经商的妻兄黄素益合作，成立了中美合资温州正泰电器有限公司。南存辉之所以选择"正泰"为企业的名字，正如他所说："为人要讲正气，经营要走正道，产品要正宗，要讲信誉，也就是要正气泰然"。

经过10年的励精图治，正泰集团公司以其良好的产品质量，在国内市场上声名鹊起，产销两旺，并被誉为"重塑了温州电器新形象"的模范企业。

1993年受国内投资热的形势影响，当时许多企业纷纷涉足其他行业，有人力劝南存辉投资房地产开发，赚取高额回报。南存辉不急不躁，没有盲目行动。以他为首的正泰决策层审时度势、权衡利弊后。果断拿出450万元，引进国外一流设备，建立了低压电器检测实验中心，全面控制、提高企业产品质量。此举在当时被讥笑为"有钱不赚是傻瓜"，令人意想不到的是，这一"傻"动作，竟使正泰企业的质量信誉深入人心，使正泰在产品研发和市场拓展方面赢得了宝贵的时间和制胜的先机。

1994年底，正泰集团在全国同行业中首批通过了ISO9001质量体系认证。在同行一些企业由于国家银根紧缩，所涉房地产等行业投资趋冷而主业自顾不暇的时候，"正泰电器"却相继被国内二十多个省、市质量技术监督局列为"免检"产品，并于1999年12月被国家工商局认定为中国驰名商标。正泰集团不久也一举成为温州市最大的民营企业，名列民营企业的综合实力500强第七位，被誉为"温州模式"的发展缩影。

"为人要讲正气，经营要走正道，产品要正宗。"从逆假冒伪劣的潮流而动，到不跟风投资，专注本业的经营提升，南存辉一直在用他的为人信念经营他的企业，在做着他认为正确的事。他用二十多年的时间坚持做了一件正确的事，正泰集团始终坚持把主要的资源和精力用在主业的发展上，稳打稳扎，有序扩张，所以赢得了成功。

正确地做事与做正确的事是两种截然不同的工作方式。正确地做事就是一味地例行公事，而不顾及目标能否实现，是一种被动的、机械的工作方式。工作只对上司负责，对流程负责，领导叫干啥就干啥，一味服从，铁板一块，是制度的奴隶。这种人工作上不思进取，患得患失，不求有功，但求无过，做一天和尚撞一天钟，混着过日子。而做正确的事不仅注重程序，更注重目标，是一种主动的、能动的工作方式。工作对目标负责，做事有主见，擅于创造性地开展工作。这种人积极主动，在工作中能紧紧围绕公司的目标，为实现公司的目标而充分发挥自己的主观能动性，在制度允许的范围内进行变通，努力促成目标的实现。

这两种工作方式的根本区别在于只对过程负责，还是既对过程负责又对结果负责；是等待工作，还是主动地工作。

那么，如何做正确的事呢？

第一，要找出"正确的事"。工作过程就是解决一个个问题的过程。有时候一个问题会摆到你的办公桌上让你去解决，问题本身已相当清楚，解决问题的办法也相当清楚。但是你从哪个方向，先从哪个地方下手呢？正确的工作方法只能是在此之前，请你确保自己正在解决的是正确的问题——很有可能它并不是先前交给你的那个问题。首先找出"正确的问题"，则是正确做事的第一步。

第二，要明确公司的发展目标，站在全局的高度思考问题。每一件事和每一项工作都会有其特定的最好结果，这个最好结果就是我们做一件事和一项工作所期望达到的最终目标。在开始做事之前，只要明确地记住了最终目标，就能肯定，不管哪一天干哪一件事都不会违背你为之确定的最重要的目标，你做的每一件事都会为这个目标做出有意义的贡献。如果没有目标，就不可能有切实的行动，更不可能获得实际结果。高效能人士最明显的特征就是他们在做事之前，已经清楚地知道自己要达到一个什么样的目的，清楚达到这个目的，哪些事是必需的，哪些事往往看起来必不可少，但其实是无足轻重的。他们总是在一开始时就怀有最终目标，因而总是能事半功倍，卓越而高效。

第三，要有高度的责任感，自觉地把自己的工作和公司的目标结合起来，对公司负责，也对自己负责。

第四，发挥自己的主动性、能动性，去推进公司发展目标的实现。

企业做大之后，常常患有大企业病。工作流程烦琐，响应速度缓慢，缺乏灵活性。大家都各司其职，按部就班地做事。其实，病根就在这里，大家只是在正确地做事，何况，并不是所有工作都能明确分工，总有分不清的工作，这就必然会出现管理上的死角，这就需要发挥我们的能动性，及时补位，去做正确的事。

## 要事与急事，首选要事

要事是有价值、有利于实现个人目标的事，比如技能培训、规划、休闲。急事是必须立即处理的事，比如尽管你忙得焦头烂额，但电话响了，你就不得不放下手边的工作去接听。

急事通常都显而易见，推托不得，也可能比较讨好、有趣，却不一定重要。一般人往往对燃眉之急立即反应，对当务之急却容易忽视，所以更需要自制力与主动精神，急所当急。

法国哲学家布莱斯·巴斯卡曾说："把什么放在第一位，是人们最难懂得的。"在紧急但不重要的事情和重要但不紧急的事情之间，我们也许会很难作出选择。

人生苦短，而有精力、有智慧干事的时间更少，我们必须把有限的时间用在最重要的事情上，也就是把要事放在第一位。按照人生的任务和责任，把各类事情按重要性排列，并按轻重缓急开始行动。

因为经营管理得不尽如人意，伯利恒钢铁公司总裁查理斯·舒瓦普曾以试着看的想法会见了效率专家艾维·利。舒瓦普告诉艾维·利，他自己懂得如何管理，也非常努力，但公司仍然没能得到实质的发展进步。舒瓦普觉得，他需要的不是更多的知识，而是更多的行动。他说："我们清楚自己应该做什么，但如果你能告诉我们如何更好地执行计划，我愿意听你的。"

艾维·利告诉舒瓦普自己可以在10分钟内教给舒瓦普一样方法，能把他的钢铁公司管理得更好，使公司的业绩提高至少50%。

艾维·利递给舒瓦普一张空白纸，说："在这张纸上写下你明天要做的最重要的六件事。"过了一会儿又说："现在用数字标明每件事情对于你和你的公司的重要性次序。"这花了大约五分钟。艾维·利接着说："现在把这张纸放进口袋，明天早上第一件事情就是把这张纸条拿出来，做第一项。不要看其他的，只看第一项。着手办第一件事，直至完成为止。然后用同样的方法对待第二件事、第三件事……直到你下班为止。如果你只做完第一件事情，那不要紧。在明天，你再将后天要做的最重要的六件事按同样的方式排列出来。你只要总是做着最重要的事情就可以了。"

艾维·利强调："你必须每一天都这样做。在你对这种方法的价值深信不疑之后，叫你公司的人也这样干。这个实验你爱做多久就做多久，然后给我寄支票来。你认为我的意见值多少钱，就给我多少。"

几个星期之后，舒瓦普给艾维·利寄去一张25万美元的支票，并附了一封信。在信上，舒瓦普说，从金钱的观点看，那次不到半个钟头的交谈是他一生中最有价值的一课。五年之后，这个当初不为人知的小钢铁厂一跃成为世界上最大的独立钢铁厂。

日本的造船大王坪内寿夫很懂得"要事"的重要性。他每天上班时，首先列出哪些是要事，哪些是急事。由于每天亟待他处理的事务太多，他把一切事务都抛开，只去处理最重要的事情。不需要自己处理的急事，交给自己的助手去办理。正是他的这种做要事而不是做急事的工作方法，使莱岛集团成为了日本，也是世界上最大的造船集团。他对自己的助手和员工，看似有点"残酷"，他会莫名其妙地让他们马上去做一件事。

我们每一个人每天面对的事情，按照轻重缓急的程度，可以分为以下四个层次，即重要且紧迫的事、重要但不紧迫的事、紧迫但不重要的事、不紧迫也不重要的事。

重要而紧迫的事情，是我们的当务之急。这种事情有的是实现我们事业和目标的关键环节，有的则与我们的生活息息相关，它们比其他任何一件事都值得优先去做。只有这些事情都得到合理而高效的解决，我们才有可能顺利地进行别的工作。

其实，在个人的生活中，也有着许多不紧急却重要的事等着我们去做。

我们为了太多紧急的事，只好牺牲一时看来不甚紧急的事，例如为了加班，牺牲应有的睡眠；为了业绩，牺牲吃饭时间；为了应酬，不能陪家人散步；为了谋取职位，不能与朋友喝茶。

确实，紧急的事不能不做，奈何人生中紧急的事无穷无尽，我们的一生大半在紧急的应付中度过，到最后整个生活步调都变得很紧急了。

生命中有很多非常重要却一点也不紧急的事。像每天放松地静心，从容地冥想；像愉快地吃一顿饭，品尝茶的芳香；像在山林、海边散步，欣赏山色与云的变化；像听雨听泉听音乐，读人读爱读闲书；像陪父母谈昔日温馨的往事，听孩子说童稚的笑语……

重要的事可以说是数不胜数，但却被紧急的事挤掉了它应有的时间。生命有限，当全被紧急占满时，就像是一个停满了汽车却没有绿地的城市。当我们静下来思考未来，或回过头对过去进行反思的时候，我们会听到自己的心声：做自己想做的事情，做让自己无悔一生的事情。如果我们把事业放在第一位的话，那就必须把有助于实现梦想的工作，永远放在每天工作清单的第一位，而不要迷失在那些看似紧急但却是次要的、琐碎的事情当中。

## 将自己的目标逐个分解，步步为营

如果是一件简单的事，我们只需按常理立马完成就可以了。但如果我们被交予了一件很重要的任务，一件相对复杂的事，完成这件可能需要很长时间、涉及很多人、有很多方面的问题需要处理的任务，我们就必须学会将这个任务分解成若干小任务，然后逐一去落实完成。简单地说，就是将大目标分解成小目标，将复杂的事变成简单易行的事。

火箭飞向月球需要一定的速度和质量。科学家们经过精密的计算得出结论：火箭的自重至少要达到100万吨，而如此笨重的庞然大物无论如何也是无法飞上天空的。因此，在很长一段时间里，科学界都一致认定火箭根本不可能被送上月球。直到有人提出"分级火箭"的思想，问题才豁然开朗起来。将火箭分成若干级，当第一级将其他级送出大气层时便自行脱落以减轻质量，这样火箭的其他部分就能轻松地逼近月球了。分级火箭的设计思想启示我们学会把目标分解开来，化整为零，将大目标变成一个个容易实现的小目标，然后将其各个击破，这不失为一个实现终极目标的有效方法。

比如公司将要召开一个全国经销商的年终总结大会，而我们被指定来负责这个会议的全面安排。因为参会人员是来自全国各地的经销商，是公司的销售主力，必须把他们的接送及住宿都安排得十分妥帖。那么，我们就必须得有一个全盘的考虑，如何将这个会议的前前后后、各个方面细节确定落实呢？

面对这一系列的问题，我们首先必须对这件事情有一个全面的认识，这个会议的日程安排是怎样的？我们都要做哪些事情？我们有多大的授权？我们有多少人手可供安排、调遣？

将整个会议的准备工作分解成若干个小工作之后，我们再一步一步去实现每一个小目标。每一个小目标实现了，最后会议准备工作这个大目标也就实现了。比如，通讯组负责参会人员的逐个落实（包括他们的到达时间、住宿时间、离开时间、交通工具、参会人数、性别等等）；车队与通讯组紧密配合，负责外地参会人员的接送（有没有到达时间比较接近，能一起接送的？来者需要安排的车辆规格等等）；会务组负责酒店房间的预订、会场的布置、人员住宿的安排、早中晚餐的菜谱档次落实等等；秘书组负责会议邀请函、回执的制作；会议用材料的编辑印刷，发言人员安排，发言材料的整理，会议摄像、照相、录音安排，纪念品的选购等等事务。

如果一个会议能够这样分解落实的话，相信一定会取得让参会者舒心，让领导满意的效果。

一项复杂的任务我们应该将它分解、落实，对于一个目标、一个人的理想抱负来说，要实现也必须将它分解成各个阶段，逐一落实。比如我们想成为一个大实业家，可能要从最基本的销售员干起，然后一步一步做片区主管、大区主管、专业公司经理、总公司助理、副总裁，直至总裁。同时，我们也必须学习业务知识、处世方法、管理手段等知识。当然，如果我们具备了一定的条件，也可以自己创业。

不论怎样，只有把基础打好了，把理想分解成不同时期的人生目标，一层层地建设，万丈高楼才能平地拔起，否则永远是空中楼阁。

世界上，曾经有过一个摩天大楼林立的城市，被称为"石狮丛林"。而现在，这座城市又被人称为"玻璃丛林"，原因是这个城市已经被各种各样的玻璃所包围，蔓延到世界各地。这就是一代"玻璃大王"陈家和的杰作。

上世纪50年代末期，陈家和才十多岁时，就来到了新加坡，在一家玻璃店当学徒，学习玻璃切割和安装技术。几年之后，由于陈家和精明能干，颇得老板的赏识，玻璃店老板很看重他，给他升了职、加了薪金，让他开始在店里担当一定的决策工作。陈家和做了玻璃店学徒以后，专心致志地学习他的玻璃切割和安装技术，并从中逐渐懂得了许多新的知识，也因此喜欢上了玻璃事业。

一天晚上，他在一天辛苦地工作之后，躺在家里仅有的长凳上，翻阅着一本本借来的杂志，看那些杂志上关于欧美国家的照片和西方资本家的经营之术、致富之路。图片中，那些安装了玻璃的摩天大楼在阳光的照射下光彩夺目，十分气派壮观。于是他就不断地设想，如果把新加坡的高楼大厦都变成他安装的光芒四射的玻璃大厦，那该多好啊。陈家和开始做自己的"玻璃丛林""玻璃世界"的理想之梦，并一步一步努力将梦想变成事实。

在那家玻璃店里干了一段时间以后，陈家和积攒了一点资金，也学到了许多玻璃经营的业务知识，便毅然辞掉了那份工作，开始独立经营。

60年代初期，新加坡为了扩大城市建设特别颁布了一项城市建设规划，即所谓的"大新加坡计划"，听到这个消息以后，陈家和高兴得几乎发了疯，一天一夜没睡觉，翻来覆去地想着如何紧紧抓住这个千载难逢的机会，来实现自己的宏愿，做一个真正的"玻璃大王"，把新加坡变为玻璃城。

在一次与人合作被骗之后，陈家和再次操起昔日安装玻璃的生意。此后，陈家和找到了一家专做楼宇装修生意的家具店，同老板商量合作，这样他就可以为装修的住宅和商店装上玻璃。

终于，在两年之后，陈家和的境况开始有所好转。他用这两年的一些积蓄，租下了月租金为100元的半个店面，设立了自己的"和兴镜庄玻璃安装公司"。由于陈家和经营妥善，勤劳能干，公司业务不断扩大。三年后，他在裕廊工业区建立了自己的玻璃厂。1983年初，陈家和成立了"和兴投资控股有限公司"，在新加坡这块土地上站稳了脚跟，他的"玻璃丛林"事业已初具规模。

"大新加坡"城市建设规划的实施，给陈家和带来了许多实现他理想的机会。

80年代以后，"和兴玻璃工程有限公司"的业务大幅度增长，速度惊人。在新加坡这块地方，到处都是摩天大楼，如森林一般。而在这森林大厦的王国里，超过80%的大楼门窗和商品陈列橱窗的玻璃，是陈家和与他的"和兴玻璃工程有限公司"承接安装的。这些高楼大厦中，包括著名的樟宜机场大厦、希尔顿大酒店、金岭广场、中华总商会大厦、新加坡发展银行大厦等。

到这个时候，陈家和已经真的把新加坡变成了"玻璃丛林"，终于实现了他"玻璃大王"的梦，他又开始追寻"玻璃世界"的梦，这个他从玻璃工学徒就开始的另一个近乎"痴人说梦"的夙愿。

1983年，陈家和到大陆，替北京及天津三家当时全国最大的饭店安装了玻璃，这是陈家和事业向外扩展的一个缩影。

10年前，新加坡在玻璃装潢方面要参考欧美建筑杂志。而在今天，许多外国建筑杂志社却已派人到新加坡，从不同的角度，拍摄新加坡高楼大厦的装潢玻璃照片。这个局面的出现是陈家和对新加坡建筑业的突出贡献，也是陈家和事业辉煌的一个明证。

面对"玻璃世界"的梦想，陈家和还有很多路要走，但陈家和已经变得沉着自信，他将继续一步一个脚印地去拓展自己梦想的天空，并将把这个可能不能完全实现的梦想交给他的接班人一代一代地做下去。

重要任务的完成和理想的实现都不是一朝一夕能做到的，面对一个复杂的目标，最忌讳的做法就是眉毛胡子一把抓，每天忙忙碌碌却不见有实质的进展。只有化大为小，将复杂的事情分割成一件件相对具体简单的小事，才能使我们的目标具有可操作性，才能使自己有信心、有兴趣去把下面的事情做完、做好。

1984年，在东京国际马拉松邀请赛中，名不见经传的日本选手山田本一出人意料地夺得了世界冠军，当记者问他凭什么取得如此惊人的成绩时，他说了这么一句话："凭智慧战胜对手"。当时许多人都认为他在故弄玄虚。马拉松是体力和耐力的运动，说用智慧取胜，确实有点勉强。两年后，意大利国际马拉松邀请赛在意大利北部城市米兰举行，山田本一代表日本参加比赛又获得了冠军。记者问他成功的经验时，性情木讷、不善言谈的山田本一仍是上次那句让人摸不着头脑的话："用智慧战胜对手"。10年后，这个谜终于被解开了。山田本一在他的自传中这么说："每次比赛之前，我都要乘车把比赛的线路仔细地看一遍，并把沿途比较醒目的标志画下来，比如第一个标志是银行，第二个标志是一棵大树，第三个标志是一座红房子，这样一直画到赛程的终点。比赛开始后，我就以百米的速度奋力地向第一个目标冲去，等到达第一个目标后又以同样的速度向第二个目标冲去。40多公里的赛程，就被我分解成这么几个小目标轻松地跑完了。起初，我并不懂这样做的道理，我把我的目标定在40几公里外的终点线上，结果我跑到十几公里时就疲惫不堪了，我被前面那段遥远的路给吓倒了。"

确实，要达到目标，就像上楼一样，不用梯子从1楼到10楼是绝对蹦不上去的，相反，蹦得越高就摔得越狠，而必须是一步一个台阶地走上去。就像山田本一一样将大目标分解为多个易于达到的小目标，每达到一个小目标，都使他体验了"成功的感觉"，而这种"感觉"强化了他的自信心，并推动他发掘潜能去达到下一个目标。很多人的"资产"，像大富豪的钱财、大将军的战功、大学者的学问、大作家的著作等都是通过无数个小目标的达成累积来的。有个聪明的大学生很善于利用"目标分解法"，他大一时就开始背英文词典，一天背两三个英文单词，到大四时，虽然还没整本背完，但他懂得的单词却比同班同学多好几倍，在考"托福"时，竟以645分的高分被著名的哈佛大学录取。在现实生活中，我们很多人做事之所以会半途而废，往往不是因为难度较大，而是觉得成功离我们较远。确切地说，我们不是因为失败而放弃，而是因为倦怠而失败。

在人生中要有效地运用"目标分解法"需遵循以下几个基本原则：

第一，不求快。因为"求快"就会造成对自己的压力，欲速则不达。

第二，不求多。因为"求多"会让自己无力承担，丧失累积的勇气。

第三，不中断。因为一旦中断，就会影响累积的效果和意志，导致功亏一篑。

## 做自己时间的管理者

人的生命是非常有限的，而一个人头脑敏捷、体质健康、富有创意和激情的时间更少。人的生命其实是在和时间竞赛，赢者成功，输者失败。

时间是伟大的魔术师，演绎出令人眼花缭乱的耀人成就。时间也可能是魔鬼，百般蹂躏失意的人。善于管理自己时间的人，让时间成为朋友，就能助己圆梦。不懂得时间价值的人，让时间与自己作对，只会一事无成。

懂得管理时间的人从不拖延，行动能力极强；把时间用在关键的事情上；办事效率极高，能在同一个时间段内做出两倍甚至更多于人的成绩。

行动能力高的人就是善于抓住时间的人，其要诀就是从现在起不浪费时间。你我一样，过了今天，都不可能再有一个今天。每个人每天都拥有相同"长度"的时间，但不同的人时间的"宽度"和"密度"相差得实在是太远了。浪费时间的潜在心理原因是认为自己还拥有很多的时间。大多数的人在离开这个世界的时候都不是时候，都还留有大量未竟的梦想。

有个禅宗典故：

某段时间里，下地狱的人数锐减。阎王紧急召集群鬼，商讨用什么办法引诱人们下地狱。

牛头提议说："我告诉人类，丢弃良心吧，根本就没有天堂！"阎王考虑了一会儿，觉得不妥。

马面提议说："我告诉人类，为所欲为吧，根本就没有地狱！"阎王想了想，还是摇了摇了头。

过了一会，有个小鬼提议说："我们去告诉人类，还有明天！"

阎王终于点了点头。因为他知道，有很多人都会因为抱有这样的想法而使自己一事无成、郁郁而终。

昨天已死，而明天永远无法预知，我们只有今天。因此，时间管理的第一个原则就是珍惜今天，把握现在。第二个原则就是把时间用在关键的事情上，用在那些对自己前途和愿景有重大影响的事情上。我们可能有很多亲人、朋友、同事、客户要去拜访；可能有很多个人的爱好要去沉醉；可能有很多职业我们可以从事；当然还有很多工作需要我们去完成，但我们的时间却是一定的、有限的，我们只能在逢年过节时集中向亲朋好友进行问候，只能在业余时间自娱自乐，只能从事唯一的职业，只能把最重要的事情做好。第三个原则就是效率原则，就是在最短的时间内完成最大的工作量。所谓时间就是生命，我们可以说效率就是生命。对此，在铁与火的环境中成长起来的军人最有发言权。

一次，美国的一支航空母舰编队奉命开赴地中海。在途中，舰上发生了一起严重的意外事故。这天上午的10点53分，当舰船上的飞机开始启动发动机，准备起飞去执行侦察任务时。这时已经发动的一架A-4"天鹰"的油箱突然破裂，燃油从油箱一下喷射到了飞行甲板上。由于飞机发动机都已经启动，燃油一下子被点燃，火苗一下就蹿起，猛地朝后方甲板直扑过去。

船员们的神经开始紧张起来了，用最快的速度投入到了救火之中，因为他们明白，这个时候的一秒钟对他们而言都是至关重要的。也许就会因为慢了那么一秒钟，他们就会葬身大海。

每一个人都像疯子一样，疯狂地奔跑着，疯狂地将每一颗火箭、炸弹等等可能引发爆炸的武器及那些填满了气体的容器，从飞行甲板及机库等处移开。一个船员在几分钟内就来回地跑了两三趟，汗水已经模糊了每个人的眼睛，浸透了他们的衣服，眼睛不时地冒着火星，但每个人都忍受着，继续在奔跑，他们心中只有一个意念，无论如何要保住这条船，保住自己的生命。

经过几分钟战斗，大多数会引爆的武器、火箭等物品基本上被移开了。不过飞行甲板的飞机还是被大火点燃，装载的弹药不断地被引爆。这种爆炸的威力相当猛烈，一下子将飞行甲板炸开了一个大洞，甲板上的制动装置等也被炸飞，飞行甲板上的区域也遭受了相当大的损害，而且火灾甚至蔓延到了机库。

情况危急，船员们拼命地进行扑救。对于他们来说，时间就是生命，只有用最快的速度，处理好最重要的事情，才能保住船。

经过三个多小时的奋力拼搏，飞行甲板上和机库的火势已经被控制住了，但两个甲板上的火势仍然无法掌握，船员们再次不顾一切地冲上甲板。大火烤得他们身上的每一根血管好像要爆炸一样。耳边不时地听到战友的吼叫声："快，这里，把这个搬出去。""怎么办，火势如此猛烈。"

在紧急关头，船员们设法将飞行甲板打开了一个洞，再从这里灌水进去。好不容易才将火势控制住。这时，也已经是晚上的12点20分了。

因为抢救及时，在这场意外中受伤的有一百多人，但却没有造成一人死亡。虽然造成舰载机有三十多架被毁，但值得庆幸的是船被保住了。

如果没有船员们疯狂般的抢救速度将大部分可燃物转移，并引水将大火及时扑灭，后果很可能会是整艘军舰被炸成碎片，直至沉没，那将没有人能从这场灾难中活下来。

效率就是生命。在危急的时刻，赢得了时间就赢得了主动，就可能使自己保全。同样，在激烈竞争的今天，时间是制胜的一个重要因素，谁在时间上领先一步，就有可能取得节节胜利。搏击以快打慢，军事先下手为强，商战新规则也已从"大鱼吃小鱼"变成了"快鱼吃慢鱼"。大而慢等于弱，小而快可变强，大而快王中王，快就是机会，快就是效率，快就是瞬间的"大"，无数的瞬间构成长久的"强"。

竞争的实质，就是在最短的时间内做最好的东西。人生最大的成功，就是在最短的时间内达成最多的目标。质量是"常量"，经过努力都可以做好，以至于难分伯仲，而时间永远是"变量"。任何领先，都是时间的领先，都是暂时的领先。要想保持第一的位置，唯有永远抢在时间的前面，快人一步。

## 按照流程办事，一切井然有序

工作流程是指办事的次序。如果我们不保持清醒的头脑，仅凭着自己的喜好，或为了省事，或被其他事情打乱，那么我们的工作将很快陷入杂乱无章中，从而办事的效率被降低，工作的成绩大打折扣。

过去我们到政府办事为什么要叫"跑政府"，这是因为大多数人不知道工商注册这类事情的工作流程，也没人张榜明确告知整个的办理程序，办理者得一个个部门地去问去跑。而很多情况下，各个部门是各管自己家的一亩三分地——如果要问其他部门的情况，"对不起，不知道，你自己去问问看吧。"

如果一个地区的政府想进行行政改革，摆脱官僚作风，切实提高行政效率，首先要做的就是对各个政府部门的各项管理事项、办理手续流程的确定公布。

工作流程常被确定、固化为操作手册、使用说明或工作规章。这些工作流程都是从实践中总结归纳出来的，不能轻易省略、颠倒或改变，我们应该牢记并遵守。不然的话，工厂中可能会导致机器加速损耗，医院中可能会导致病人痛苦的加重，农业中不顾时令季节会导致减产歉收。而因为不遵守正常工作流程，导致人员伤亡、财产损失的事情屡见不鲜。

除了这些大的、严肃的规章制度，掌握一些工作安排的技巧，按工作流程办事也可以让我们的工作变得从容有序，也会让自己找到工作的快乐，从而让工作效率提高，让自己的心情变得愉悦。

我们必须告别杂乱无章的坏习惯，建立一个好的工作流程，合理组织工作，增加单位时间的使用效率。这既是最容易的事，也是最困难的事。

我们经常会看到一些人的办公桌上、书柜里，堆满了文件、信封、书稿、废报纸、文具、喝剩下的半杯茶水、折了半页角的旧杂志等等，看见他在这样的环境中东翻西找，心浮气躁，却让人无法对他表示同情。

相反，我们欣赏的是这样一种人：他的桌上整齐干净，只有少量正待处理的文件；当我们问他目前某件事时，他立刻对答如流；当我们问起某份已完成的文件时，他一眨眼就能想到放在何处；当交给他一份备忘录或计划方案时，他会插入适当的文件夹内，或放入某一档案柜……

一个人在工作中通常难以避免被各种琐事、杂事所纠缠，被弄得筋疲力尽、心烦意乱，不能静下心来去做最该做的事，或者是被那些看似急迫的事所蒙蔽，浪费了大量时间。

在实际生活中，人们常常按照下面的优先次序来安排自己的工作流程：

1.先做有兴趣的事，再做不感兴趣的事；

2.先做容易做的事，再做难做的事；

3.先做熟悉的事，再做不熟悉的事；

4.先做花费时间少的事，再做花费时间多的事；

5.先做已排定时间的事，再做未经排定时间的事；

6.先做经过筹划的事，再做未经筹划的事；

7.先处理材料完整的事，再处理缺少材料的事；

8.先做别人交代的事，再做自己分内的事；

9.先做紧迫的事，再做不紧迫的事；

10.先做有趣的事，再做枯燥的事；

11.先做自己尊敬的人或与自己有利害关系的人交代的事，再做其他人交代的事；

12.先做已发生的事，再做未发生的事。

但这并不是有效解决问题、提高办事效率的办法，更多是依据个人的喜好、工作的难易来进行的。

有效的工作流程是把重要的事情放在第一位，比如向上级提出改进营运方式的建议、长远目标的规划等，而不能被那些"必须"做的事（诸如不停的电话、需要马上完成的报表）无限期地延迟了。要事永远应该放在工作的第一位。

工作流程是最好的导师，因为这样我们可以把更多的精力和时间用在具体任务的完成和细节的完善上，而不需要去为下一步的工作劳神，从而分散了个人的注意力。

将每一件事情的工作流程安排好是一种好的生活、工作的习惯。这样做将使我们在有"鸿鹄之志"的同时，又保证了"心无旁骛"。

我们说每一件事情都应该流程化并不是一件需要不停开动脑筋、不可能完成的任务。因为，我们的生活、工作都是有一定规律的，生活、工作中的大多数事情都是不断地在重复。所以，真正需要我们动脑筋、想方法、设流程的事情只是一部分。而且有一个好的工作流程，会使我们的执行变成轻松、自然，水到渠成。

## 让思维试着"逆行"

从先到后是常理、从因到果是正常方向。而逆向思维是从反面、反向探究和解决问题的思维方法。

有时候，问题涉及的方面太多，事情发展的方向难以把握，从正面解决十分困难，这时进行逆向推导的尝试，可能就会使问题迎刃而解，产生出乎意料的结果。

"电磁铁"的发现引起了自学成才的英国青年法拉第的强烈兴趣。通过反复的试验，他想既然通电可以产生磁性，那么反过来，电磁铁能不能产生电呢？能不能通过这样的方法产生一种人类可以控制的能量呢？

在这样的思维导引下，他开始反复试验。经过几年的尝试、改进，他用一块圆形磁石插入绕有铜丝圈的长筒里，产生了人类自己创造的第一股电流。法拉弟根据这一发现，不久便制造了世界上第一部发电机。

逆向思维不仅教人从果到因进行思考，还引导人们对不良的后果进行思考，让人们换一种方式思考问题——"塞翁失马，焉知非福"，我们如果不拘泥于常规思维的限制，对结果"认死理""吹毛求疵"，我们就不仅可以得到心灵的解脱和放松，还可以将"不良的结果"往积极的方面转化。

杨格是美国新墨西哥州的一位果园主，一次突降冰雹，将他即将收获的苹果打得伤痕累累。果农和家人都唉声叹气，杨格也一筹莫展。突然，杨格灵光一现，有了一个绝妙的主意。他马上按合同原价将苹果输往全国各地，与往日不同的是每个苹果箱里都多了一张小纸片，上面写着：亲爱的顾客们，这些苹果个个受伤，但请看好，它们是冰雹留下的杰作——这正是高原地区苹果特有的标志，品尝后你们就会知道什么是高原苹果所特有的味道。买主将信将疑地品尝后，都禁不住交口称赞，他们真切地感受到了杨格所说的，高原地区苹果特有的风味。结果，杨格这年的苹果比以往任何一年都要卖得好。

很多时候，只从一个角度去思考问题，很可能进入死胡同，因为坚持这样下去的结果只会是夸大其中一个因素，而忽略了其他因素，从而"被蚂蚁绊了脚"，导致了"意想不到"的困难。一如我们做人，如果我们将心比心，以宽己之心恕人，从别人的感受和想法出发，我们就能变得大度，人与人之间便会有了沟通和交融。而我们在与客户沟通的时候，如果能想人所想、急人所急，那么我们的业绩和成功也将指日可待。

中关村一家软件公司推销员李复兴非常苦闷——自己推销软件时口若悬河，谈论产品的性能如何如何好，客户们反而一个个都不吭声。软件推销不出去，这日子怎么过？

当他垂头丧气地走进一家餐厅，闷闷不乐地取过酒自斟自饮时，突然，邻桌上发生的一件趣事，把他吸引住了。

邻桌的一位太太正带着两个孩子吃午餐，那胖乎乎的男孩什么都吃，长得结结实实的，那瘦瘦的女孩皱着眉头，举着双筷子将盘子里菜翻来拨去，看来是个挑食的孩子。

那位太太有些不开心，轻声开导小女孩："别挑食，要多吃些菠菜，不注意营养怎么行呢？"连说了三遍，小女孩偏将嘴巴撅得老高。这位太太渐渐满脸怒容，反反复复以手指叩桌面，却一点办法也没有。

李复兴喃喃自语："这位太太的菠菜跟我的软件一样，'推销'不出去了。"正说话间，一位年轻服务员走近那女孩，凑着她的耳朵悄悄说了几句话。一会儿那女孩马上大口大口地吃起菠菜来，边吃边斜视着哥哥。

那太太很纳闷，把服务员拉到一边问："您用了什么办法，让我那犟丫头听话的？"

服务员和颜悦色地说："马不想喝水的时候，得先让它吃些盐，它口渴了再牵去喝水。我刚才对您女儿使用的激将法：'哥哥不是老欺负你吗？吃了菠菜，长得比他更胖更有力气，他还敢欺负你吗？'"

旁观的李复兴暗暗称绝，回想到自己的软件推销，他一下子明白了问题的所在。他想到了自己明天应如何表现，大声在心里为自己叫好。

第二天他叩开了一家饮料公司采购部负责人办公室的门。

李复兴不再滔滔不绝地自我吹嘘，而是微笑着问："先生，贵公司目前最关心的是什么？最近您有什么烦心的事？"

对方叹了口气："承蒙先生这么关心，我就直说了吧，我们最头痛的问题，是如何减少存货，如何提高利率。"

李开复马上回到电脑公司，请专家设计了一整套方案——如何使用自己公司的软件，使饮料公司存货减少，利率增加。

第二天，李复兴再度去拜访饮料公司采购部负责人，边出示那套方案资料，边热情地介绍："先生，真的，这么做了，您的苦恼就没了。"

那采购部负责人忙翻开那些资料，立刻喜上眉梢："太感谢您啦。资料留下，我要向上级报告，我们肯定要购买您的软件。"

后来，他果真成了李复兴众多的客户之一。而李复兴也逐渐有了自己的软件公司。

李复兴的成功在于他对自己以前推销方法的改变。以前他总是想如何能让顾客买自己的电脑，顾客能为自己做什么。现在他换了一个方向考虑问题，从解决"我能为顾客做什么"，"顾客为什么要买我的软件"这样的问题开始自己的推销工作，他由此赢得了成功。

　　逆向思维教给人的不仅是一种有的放矢的求解方法，更重要的是教人学习从"被执行者"的角度考虑问题，比如我们的老板、我们的客户、我们身边的人。如果在工作中、在生活中都能站在他人的位置上反向思维，那么我们将会有一个良好的心态。当所有人都成为我们的朋友时，成功自然不是问题。

原则不变，方法随你

# 第八章

## 与人交往，左右逢源有方法

在我们的生活中，我们会遇到各种各样的人，老板、同事、客户、朋友，那么，我们该如何与他们交往？我们怎么做才能得到他们的认可？这是我们需要考虑的问题，也是本章所要阐述的重点所在。

## 上司挑剔怎么办?

将工作做好、做得更好、做到最好是每一个上司对下属的期望。不管是为了让自己的上司满意，还是为了让顶头老板满意，上司都希望他的员工能把工作做得认真细致、又快又好。这对于一名下属来说，可能是一件难当的差事。为了尽快完成任务，我们得秉烛熬夜；为了将工作做细、做好，我们不得不一遍又一遍地反复审查，不断地改进。但上司却不理会我们无法兼顾时间和效果，他交给了我们任务，就只会看重效率，只会要求员工在最短的时间内拿出最好的东西。

每个人都得从头干起，而每个成为了上司的人都深深理解——这种挑剔不是上司天生的坏脾气、小心眼，是胜者生存、败者出局的无情市场在鞭策老板、鞭策上司、鞭策我们每一个人。

对此有一个深刻的认识之后，我们才能将注意力从上司的身上转向工作，投身事业之中，使自己更快地成长。

杜娟是一名中文专业的本科毕业生，通过笔试和面试，过五关斩六将进入了一家商业集团担任市场文案。由于文笔还不错，熟悉业务之后，她的工作很快上手了。

正当杜娟自鸣得意地交出第一件作品时，做业务出身的主管却对此相当不满。主管严厉地批评说，刚走出校园的大学生在做文案策划时，有些想法太天真了。而接下来的日子，杜娟仍然不断地面对着主管的冷眼、讽刺，不断修改自己辛辛苦苦做出的案子，而"挑剔"的主管有一次甚至当面撕了她的作品。

有人说杜娟的性格有点"林妹妹"式的多愁善感，而平时喜欢读古典诗词的她，也确实会经常莫名其妙地伤心难过。面对主管的"挑剔"，一开始杜娟真的难以接受。但同时，主管对自己作品的点评也确实针针见血，让她不得不心服。好胜心使杜娟决心擦掉眼泪，要做得比主管要求得更好。

杜娟默默忍受了主管的言行，告诉自己需要锻炼得更坚强。同时，杜娟积极向其他人请教，自己的工作方法有哪些错误，并把它们记下来，时刻提醒自己。很快，杜娟犯的错误少了，主管的笑容也开始多了起来。随之而来的成就感也让她越来越喜欢这份工作。

作为一名拿薪水干活的员工，将工作精益求精地做好是他的本分，而一个严格要求的领导也无可厚非。但我们可能会发现，一个挑剔的上司，他不满的出发点可能不仅是出于对工作的高要求或是求才心切，也可能会有一些"私心"：没有得到下属足够的尊重和拥护；管理指挥的表现欲望强；对自己的能力和地位不自信，因此对能干的下属进行排挤。

当我们的工作受到上司的不满和挑剔时，不要急于申辩，甚至据理力争，而应该等上司把话说完。如果有道理就应该接受，如果有不对的地方，在上司平静下来之后，也可以私下跟他交流一下，解释一下自己犯错的原因，以获得他的理解。

作为下属，如果挨骂，或受到警告、指责时，心里都会不痛快，但如果因此而产生抵触和抱怨情绪，就会影响到我们和上司的关系，进而影响到我们的前途。

这时，我们就应认真地反思一下，审视一番。

首先要弄清这是不是只是我们个人的幻觉，是我们心情不好，或过于敏感。这种情况下，我们要调整好自己的心态，克服自卑、敏感、多疑心理，以正常的心态去面对领导、面对工作，不然的话，假的不满、挑剔可能会变成真的。

也许我们可能真的受忽略了，这时我们就应想想自己平时的言行和工作：我们的作风是否精明能干？我们的脸上是否显出了自信、轻松？我们现在的能力是否能胜任现在的职位？我们在工作上是否有出色的成绩？我们的生活形象如何？

同时，我们也应该把握分寸，以正确的方式来对待上司，与他进行积极的交流。

第一，采取主动的姿态与上司交流。作为下属，可以积极主动地与上司沟通，渐渐地消除彼此间可能存在的隔阂，使上下级关系相处得正常、融洽。这与"巴结"领导不能相提并论，因为工作上的讨论及打招呼是不可缺少的。这不但能减少对领导的恐惧感，而且也能使自己的人际关系融洽，工作顺利。

第二，自己的态度要不卑不亢。上司一般都有强过自己的地方，或是才干超群，或是经验丰富，善于交际处世。所以，对上司首先要尊重，做到谦逊有礼。但不能谦卑过度，变成"卑躬屈膝"，毫无原则，唯唯诺诺。绝大多数有见识的上司，对那种一味奉承、随声附和的人，是不会予以重视的。在保持独立人格的前提下，我们应采取不卑不亢的态度。在必要的场合，我们也不必害怕表达自己的不同观点，只要我们是从工作出发，摆事实、讲道理，上司一般是会予以考虑的。

第三，尽力适应上司的语言习惯和办事风格。作为一名下属，我们应该了解领导的个性。他虽然是领导，但他首先是一个人。作为一个人，他有他的性格、爱好，也有他的语言习惯和做事特点，有些人性格爽快、干脆，有些人沉默寡言，有些人办事雷厉风行，有些人可能要求细致入微。尤其作为上司，都有一种统治和控制的欲望，任何敢于侵犯其权威地位的行为都有可能受到打击报复。还有少数上司有奇特癖好，我们必须了解并有效适应这一点。但是，我们必须明白，去适应他，并不是事事迁就他，不要因此迷失了自我。

第四，选择适当的时机进行沟通。上司一天到晚要考虑的问题很多，我们需要根据自己问题的重要与否，选择适当的时机去反映。假如是为个人琐事，就不要在他正埋头处理事务时去打扰他。如果不知领导什么时候有空，不妨先给他写封邮件，写上问题的要点，然后请求与他交谈。或写上我们要求面谈的时间、地点，请他先确定。

第五，在向上司汇报或交流前先做好准备工作。汇报时，尽量把尽可能多的事情汇集在一起，不要每天去汇报、请示。在充分了解了自己所要表达的要点后，再简明、扼要地向上司汇报。如果有些问题是需要请示的，自己心中应有两个以上的方案，而且能向上级分析各方案的利弊，这样有利于上司决断。为此，事先应当周密准备，弄清每个细节，考虑可能问到的问题。如果上司同意某一方案，我们应尽快将其整理成文字再呈上，以免日后他又改了主意，造成不必要的麻烦。另外，要先考虑所提出问题的可行性，不要将客观上无法解决的问题提给上司，弄得不欢而散或让上司对你的智商和动机产生怀疑。

如果我们确实工作和处事都做得不错了，挑剔的上司自然会对我们示以尊重，变得友好和宽容，并予以重视和重任。如果上司对我们的努力仍不认可，或仍将我们视为"异己"的话，我们就应该"多找几棵树"，与更多的上司，甚至是上司的上司建立联系。这样连上司也会让你三分，对你客客气气，从而做到无往而不利。

 ## "与上司接触"的艺术

与同事一样，上司是我们每天八小时都必须面对的、共同生活在同一个空间的人。上司一方面是我们直接的"衣食父母"，决定着我们的薪水待遇、升迁发展；另一方面，他在业务经验、办事能力、为人处世等方面都"堪为人师"，比我们高明，有值得我们认真学习的地方。所以，不管从哪个角度出发，为了和睦相处也好，为了前途发展和自我成长也好，都应该学会"与上司亲密接触"。

第一，从态度上，我们必须懂得尊敬和服从上司。也许上司在某些方面可能并不如我们，优点可能也不多，但他毕竟领导我们，所以应该拥戴他，听他指挥。人都有一种不服从他人的叛逆心理，但对于比自己强的人还是要服从的，所以我们应该试着寻找、发现上司身上的优点。这样，接受并服从他也会更自然一些。上司也许在最初对我们没有一点好感，但如果经常用行动表示对他的敬重和服从，时间久了他就会改变对我们的印象的。

第二，对上司的高明之处要勇于表示钦佩。要抛弃"赞扬就是奉承，欣赏就是献媚"的偏见。上级欣赏下级，下级赞赏上级，这都是很正常的交际行为，也是人之常情。上司需要他的上司的认可和表扬，同样也需要下属对自己经验和能力的欣赏，从而获得满足和成就感。上司可能在金钱上比较富有，因此更希望别人给予精神上的报酬——下属的称赞。很多时候，不时地夸上司两句，可能比送礼物更容易赢得他的好感。

上司虽然有了一定的成就和地位，但人是不会轻易满足的。上司最渴望的跟我们一样，就是取得更大的成功，得到更多的认可。要得到上司的青睐，最有效的办法就是帮助上司成功——自然，上司也会帮助我们成功。

只要我们能真诚地对待上司，帮助上司成功，我们的事业也会少走很多弯路。

杰克·韦尔奇加盟通用公司的时候，公司新开发的一种名为"莱克森"的工程热塑料很长时间都没有打开市场，韦尔奇的上司也被产品的销售弄得焦头烂额。韦尔奇见此很着急，决心帮助他的上司。

这种新型塑料透明而坚固，是替代玻璃的好产品。为了打开这种产品的市场，他与上司一道，了解市场，策划方案。经过论证，他们决定在一个公共场所做一个试验，让大家亲眼目睹这种新品种塑料的优良特性。在众目睽睽之下，他们把很多塑料放在一起，然后用一块巨大的石头向塑料砸去。在一声轰然巨响之后，几乎所有塑料都变成了粉末，只有"莱克森"塑料安然无恙。试验成功了，新产品"莱克森"塑料在全球的销售大增。

上司非常感激和欣赏韦尔奇，并向总裁推荐了韦尔奇。到27岁时，韦尔奇便得到了自负盈亏的经营权。他经常依赖于一些非常规的技术来开拓新业务，并时刻去帮助他的上司，这就使他在职务上青云直上。他也使公司的塑料部门迅速起飞，平均年收入增长33%。在他任通用电气公司塑料部总经理时，公司的塑料部门很快成长为美国另外两家最大的化学公司杜邦和道尔化学公司的有力挑战者。

1977年，在几位上司的共同推荐下，他被提升为通用电器公司分管消费品事务的高级副总裁，前往位于康涅狄州的通用电气公司总部工作。当时的公司领导人是雷吉·琼斯，一个体形文弱、声音柔和的理财专家。在他的管理下，通用电气公司从长期缺乏资金到实现了公司财政平衡。因此，他被认为是那个时代最好的管理者。琼斯在建立非凡的财务管理体系的同时，也建立了一套繁杂的管理体系，即在通用电气公司军队式的命令系统中，又增加了更繁杂的财政报告。这些报告收集了大量数据，使人们在想得到信息时却总不能迅速到位。一位财务总裁说，他有时不得不阻止几十个部门的计算机打印出高达几十英寸的日常报告。这些文件包括了每一类产品的销售信息，其精确程度甚至达到了美分和便士。

官僚机构通过无用的信息来淹没高层行政人员，从而削弱高层领导的执行能力，并奴役需要收集这些无用信息的中层管理者。而琼斯也意识到这个庞大组织存在的问题，但一时没有找到合适的办法和人选来对机构进行改革、完善。

韦尔奇看到了问题的症结，给琼斯提出了一个合理化的实施建议，得到了他的认可。之后，在改革推进的过程中，韦尔奇还不断帮助琼斯做出大胆的举措，进行各方面的改革。

1981年，公司的总裁琼斯宣告退休。在20个继承候选人名单中，琼斯选择了杰克·韦尔奇这位年仅45岁、资历短浅的人来领导公司。让人不可思议的是，在通用公司总裁20名候选人的名单上，其实根本就没有韦尔奇的名字。而琼斯的这个决定绝不是轻率做出的，他花了九年的时间进行考察才将"离经叛道"的韦尔奇挑选出来。

韦尔奇竭尽自己的智慧和勇气为上司的成功助力，也因此获得了上司对他能力和忠心的真心认可，使韦尔奇获得了意想不到的迅速成功。

除了在事业上尽心尽力为上司的成功效力外，在一些细节上，我们也可以用行动赢得他的信赖，给他留下一个"自己人"的印象。

尽可能地用行动表现对领导的忠诚，赢得领导的信赖，是成为领导的"自己人"的有效手段。对领导单独同我们商量的事或我们知道的领导的隐私守口如瓶，在领导出现困难或尴尬时努力为其解脱，对领导可能出现的不利及早提个醒儿，把共同的功劳让给上司。有些工作完成之后，尽可能地把功劳套在领导名下，让上司脸上光彩，以后他少不了再给我们更多的建功立业的机会。如果我们缺乏远见，事事斤斤计较一己得失，就可能得罪上司，其结果只可能是得不偿失。但需要注意的是让功一事不可在外面或同事中张扬，否则不如不让的好。虽然这样做有可能一时埋没了我们的才华，但上司总会找机会还给我们这笔人情债的。

把过失揽到自己头上，可以换取上司的感激之情。闻过则喜的上司固然好，但那样高素质的人寥寥无几。在评功论赏时，人总是喜欢冲在前面，而犯了错误或过失之后，许多人都有后退的心理，上司也是如此。此时，上司亟须下属出来保驾护航，敢于代上司受过。代上司受过除了严重性、原则性的错误之外，实际上是无可非议的。一方面，从个人的角度看，代上司受过实际上考验了一个人的义气，自己也可以从被"冤枉"的过程中更好地预防错误。另一方面，从单位工作的整体角度看，把过失揽在自己身上，为上司开脱，维护了上司的权威和尊严，这样就可以大事化小，小事化了，不影响工作的正常进行。这样做实际上也是一项有着很大回报的投资，同时因为替上司受过，就能赢得他的感激和信任，以后上司肯定会报答我们，用加倍的实惠来补偿我们的损失。

创造机会接触上司，加强"感情投资"。人不仅是一种理性的生灵，也是一种感性的生灵。中国上司的一个重要特征就是重视"关系"，也就是感情联络。在中国上司中"任人唯亲"是较普通的，这种用人机制当然不好，但短期内也不可能完全改变。其中这个"亲"就包括诸如亲属、老同学、老战友、老部下、老乡、秘书、司机及其他与上司感情较深的人。这些人就是上司重用的对象。

也有人因此曾说"功夫全在工作外"。与上司接触、联络感情的机会很多，每一种机会都可以加深与上司的感情。当然，机会越多，多管齐下，全方位投资更有力，与上司的关系就越近。这样的机会有以下几种：加强与上司亲属的联系，经常去拜访；酒店、饭店是联络感情的好地方，酒酣耳热之后，更容易放下架子，敞开心胸，拉近距离；常与上司聊天，成为好的交流对象；替上司办点儿私事；生活上多问候上司，以示关心；工作中始终与上司站在一起，患难与共。

与上司亲密接触不是投机取巧，因为这需要发自真心，是一种共赢互利的合作、交流。

## 跟同事相处，距离产生美

同事之间是一种既合作，又竞争；既相聚一堂，又天各一方的关系。同事之间的距离既不能过于亲密，也要避免过于疏远，要尽力做到不偏不倚，即中庸的处理原则。

距离才能产生美。对于这种距离，对于同事之间的交际，中国古代有一句非常经典、贴切的话来形容——君子之交淡如水。水有很多特性，比如清澈见底，比如能聚能散。这恰恰跟同事之间的关系原则一样，比如不要过于暧昧亲密，要纯洁大方；既能团结一致、同甘共苦，又能独立自主、不受羁绊。

在一个不大的空间里，和同事刻意保持距离，隔得远远的，会被认为太冷漠；太接近，则可能背负"不稳重""自作多情"的名声。

距离不只是物理问题，更是心理的、社会的、影响人与人之间互动的深远问题。

在办公室里人人都应友好，特别对同性则更应如此。因为每个人来公司上班均是为了生存，大家同在一个屋檐下，为了一个共同的目标，感受同一种压力，工作中谁也离不了谁，因而如果可以以一颗同情心来看待同伴的话，关系将很容易处理。因为是同性，很多感受和对事物的看法均有共同点，可以找一些大家均有兴趣的话题，不啻是一个表示友好的方式。当然对一些自己认为是话不投机的同性伙伴则采取"工作伙伴"的态度来对待；可以进一步发展为朋友关系的则多交流一些，不是"同路人"则少交往一点，不必把所有人都当作是可以发展成朋友的"潜在因子"来对待。

看见同事打小报告，也不必为此而大惊小怪。若他只为个人利益，则可以完全不去理会，只当作"处理事件不当"。每个人都不会在同一家公司干一辈子，大家均是过客而已。注意值得你注意的，学习值得你学习的东西足矣。

保持一定的距离，距离才会产生美。

在工作日里，每天和我们在一起时间最长的人可能不是我们的亲人，也不是朋友，而是同事。大家在办公室面对面、肩并肩，同劳动、同吃喝、同娱乐。但当大家之间有了"私人空间"的概念之后，我们同样不能忽视合理的社交空间和公共空间。

同事关系好，本是好事。我们来自五湖四海，为了一个共同的目标走到一起来了，心往一处想、劲往一处使，团结互助当然是好的，但是切记同事之间不要过于亲密。同事就是同事，不是朋友。交朋友，除了志趣相投外，忠诚的品格是最重要的。一旦你选择了我，我选择了你，彼此信任、忠实于友谊是双方的责任。同事就不同了，一般来说，如果不是自己创的业，也不想砸自己的饭碗，那么，你是不可能选择同事的，除非你在人事部门工作。所以，你不能对同事有过高的期望值，否则容易惹麻烦，容易被误解。适当的距离能让彼此舒心。

保持与同事之间的关系就与保持车距一样。虽然交通事故的发生有多种原因，但因超速驾驶看不清对方车道而产生的摩擦事故最多。要避免撞车，就要注意保持车距。

同事之间的交往有五点原则需要我们去遵循。

第一，真诚。尔虞我诈的欺骗和虚伪的敷衍都是对同事关系的亵渎。真诚不是写在脸上的，而是发自内心的，伪装出来的真诚比真正的欺骗更令人讨厌。

第二，友爱。"爱人者，人恒爱之；敬人者，人恒敬之"。任何人都不会无缘无故地接纳我们、喜欢我们。别人喜欢我们往往是建立在我们喜欢他们、承认他们的价值的前提下的。

第三，让同事觉得与我们交往是值得的。我们在交往中总是在交换着某些东西，或者是物质，或者是情感。但在其中，应该注意的是要不怕吃亏、不要急于获得回报和不要付出太多。

第四，维护别人的自尊心，简单说就是给同事留面子。但这并不意味着在与同事交往中要处处逢迎别人。在不危及他人自尊心的情况下，陈述与对方不同的意见，或者委婉地指出对方的不足是不会影响同事之间交往的。

第五，要尽力创造一种自由的气氛。在与同事交往的过程中，如果要使别人从内心深处接纳我们，就必须保证别人在与我们相处时能够实现对情境的自我控制。也就是说，要让别人在一个平等、自由的氛围中与我们进行交往。

我们如果能在同事间的交往中将这些原则都做得很好了，相信就会取得良好的效果，就会取得"君子之交淡如水"的最佳境界。

另外，虽然办公室被称为"无性空间"，即只要求体现上下级、同级的工作关系。但人的性别差异是客观存在和无法回避的。在同事关系中，最难处理和把握的可能就是与异性的距离，这种最敏感又复杂微妙的关系。

在现今的社会中，两性的工作交流非常频繁，不可能再以男女授受不亲的老观念和要求来处理两性关系。即使已婚，也不表示要和异性保持远距离以免犯忌。过分拒绝和异性相处，不仅不像个现代人，更可能妨碍你职场角色的扮演。

我们也必须承认，两性都有的工作空间通常比单一性别的环境要来得愉快和谐。也许现代组织的效率较高和女性大量投入职业有些关系。若想重新隔离两性，不仅不可能，也不合理。刻意疏远，更非上策。两性总是要交流的，而且两性共事应该有助于工作效率的提高，所以两性间绝不能采取隔离策略，而必须找出好办法使两性相处有利无害。

因为是异性，对很多事物的看法普遍有很多分歧。如果你是在异性面前很虚心的人，你会发现你在异性中备受宠爱。因为多数人对异性没有排斥感，而且喜欢帮助异性工作伙伴，他们把这个看作是同事中成就感的一个标志。人人都希望被异性重视、仰慕。

既是同事、朋友，就会有共同语言并互有好感。如果我们没有意思将这种关系发展为恋情，就应当将感情投入限制在友谊的范围内，即使很有好感，也不应表露出来。如果对方射来丘比特之箭，也应明智地将其化解，千万不要给对方以默许和鼓励。

对异性采取举止大方、不轻浮的态度是同异性工作交往中一个很重要的原则。其中包括行为和言语两方面。尊重对方，始终将其视为工作的伙伴，将会使某些复杂的事情变得简单一些。千万勿将办公室的异性关系处理成类似"恋爱关系"，也不要试图与某个异性发展成比之其他异性更为亲密的关系。下班以后做朋友是另外一回事，但在办公室内千万要区分同事与朋友的关系。

对于同事之间的关系，我们应该站得更高一些去看待。铁打的营盘流水的兵，天下没有不散的筵席，对于同事，我们不要过分亲密或者依恋，毕竟你们的结合点只是共同的工作，而这不足以维持一生。但相互的认可和良好的关系是团结合作、互助共赢的基础和助推剂，加之人是讲感情的，而且日子长了，大家的友谊也会与日俱增，成为八小时之外的私交好友。总之，在工作中同事之间以合作为宗旨，工作之余，可以有选择地与一些同事成为朋友——如水般能聚能散。

## 同事之间应求同存异

同事之间有分歧是不可避免的，也是一件再正常不过的事情。因为每一个人的脾气性格不一，办事风格不同，加上一些利益的分配问题，都会导致不同意见，甚至出现矛盾。但面对这个问题时，我们应该站在更高的位置去看待，别让同事间的友谊变成了难以弥合的分歧。

哲学上有关矛盾论的一种观点是"矛盾无处不在"。事实上也是如此，工作中，上下级之间有矛盾，上级与上级之间有矛盾，下级与下级之间也有矛盾。不管我们承不承认，我们的家人之间、朋友之间也有一些或明或暗，或大或小的矛盾分歧。处理分歧的一般方法是求同存异，或是敬而远之，而不是去激化矛盾，甚至打倒矛盾的一方。

多年前的一个晚上，卡耐基旅行经过黄石公园。一位森林管理人员骑在马上，跟一群兴奋的游客谈着关于熊的事情。管理员告诉游客，这里有一种大灰熊能够击倒差不多所有的动物，除了水牛和另一种黑熊。但那天晚上，卡耐基却注意到一只小动物，只有一只，那只大灰熊不但让它从森林里出来，并且和它在灯光下共食。那是一只臭鼬。大灰熊知道，它的巨掌，可以轻易地一掌就把这只臭鼬打昏。可是它为什么不那样做呢？因为它从经验里学到，那样做很不合算。

卡耐基也知道这一点。当他还是个孩子的时候，曾经在密苏里的农庄里抓过四只脚的臭鼬。长大成人以后，他在纽约街上也曾碰到过几个像臭鼬一样的两只脚的人。他从这些不幸的经验里发现，无论招惹哪一种臭鼬，都是不合算的。

即使与你最不喜欢的人共事也不要怒形于色，更不能付诸言行，将矛盾公开化、扩大化，而要善于控制自己的情绪，将个人的私怨放在一边，以工作为先，以大局为重。

同事们在一个单位中工作，几乎日日见面，彼此之间免不了会有各种各样鸡毛蒜皮的事情发生，各人的性格、脾气秉性、优点和缺点也暴露得比较明显，尤其是每个人行为上的缺点和性格上的弱点暴露得多了，就会引出各种各样的冲突。这种冲突有些是表面的，有些是暗地里的，有些是公开的，有些是隐蔽的，种种的不愉快交织在一起，便会引发各种矛盾。

同事之间有了矛盾，仍然可以来往。首先，任何同事之间的意见往往都是起源于一些具体的事件，而并不涉及个人的其他方面。事情过去之后，这种冲突和矛盾可能会因人们思维的惯性而延续一段时间，但时间一长，也会逐渐淡忘。所以，不要因为过去的小意见而耿耿于怀。只要我们大大方方，不把过去的事当一回事，对方也会以同样豁达的态度对待我们。其次，即使对方仍然有一定的成见，也不妨碍我们与他的交往。因为在同事之间的来往中，我们所追求的不是朋友之间的那种友谊和感情，而仅仅是工作，是任务。彼此之间有矛盾没关系，只求双方在工作中能合作就行了。由于工作本身涉及双方的共同利益，彼此间合作如何，事情成功与否，都与双方有关。如果对方是一个聪明人，他自然会想到这一点。这样，他也会努力与我们合作。如果对方执迷不悟，我们不妨在合作中或共事中向他点明这一点，以利于相互之间的合作。

同事之间最容易形成利益关系，如果对一些小事不能正确对待，就容易形成沟壑。同事之间有了矛盾并不可怕，只要我们能够面对现实，积极采取措施去化解矛盾，同事之间仍会和好如初，甚至比以前的关系更好。

日常交往中我们不妨注意把握以下几个方面，来建立融洽的同事关系。

第一，以大局为重，少拆台多补台。

许多机关或公司都有自己的工作服，这不仅是为了有所区别，更重要的是为了让员工随时意识到大家是一个团体里的成员，是为了一个共同的目标在工作。对客户等外部人员而言，统一的制服代表着一种统一的形象，象征着一种团队精神。对于同事的缺点如果平日里不当面指出，一与外单位人员接触时，就很容易对同事品头论足、挑毛病，甚至恶意攻击，影响同事的外在形象。长久下去，对自身形象也不利。同事之间因工作关系走到一起，就要有集体意识，以大局为重，形成利益共同体。特别是在与外单位人接触时，要有保持"团队形象"的观念，少拆台多补台，不要因自身小恩小怨而损害集体大利。所谓"家丑不外扬"，我们如果在外人面前说自己同事的坏话，只会让人觉得这个单位的人没有团队精神，缺乏必要的从业素质。不要让同事间的矛盾成为他人的笑柄，进而影响到自己的职业形象。

第二，对待分歧，要求大同存小异。

同事之间由于经历、立场等方面的差异，对同一个问题，往往会产生不同的看法，引起一些争论，一不小心就容易伤和气。因此，与同事有意见分歧时，一是不要过分争论。客观上，人接受新观点需要一个过程，主观上往往还有"好面子""好争强夺胜"心理，彼此之间谁也难服谁，此时如果过分争论，就容易激化矛盾而影响团结；二是不要一味"以和为贵"，即使涉及到原则问题也不坚持、不争论，而是随波逐流，刻意掩盖矛盾。面对问题，特别是在发生分歧时要努力寻找共同点，争取求大同存小异。实在意见不能一致时，不妨冷处理，表明"我不能接受你们的观点，我保留我的意见"，让争论淡化，又不失自己的立场。

第三，对待升迁、嘉奖，要保持平常心，不要因此心生嫉妒、怨恨。

许多同事平时一团和气，然而遇到利益之争，就原形毕露，当"利"不让。或在背后互相谗言，或嫉妒心发作，说风凉话。这样既不光明正大，又于己于人都不利，因此对待升迁、嘉奖要时刻保持一颗平常心。同事得到嘉奖多是因为他做出了一些成绩，或者让领导看到了一些值得表扬的东西。我们应该从客观的角度看待得到嘉奖的同事，他的工作是否比我做得更出色，他的业务水平和组织能力是否比其他人略高一筹。

第四，在发生矛盾时，要宽容忍让，学会道歉。

同事之间经常会出现一些磕磕碰碰，如果不及时妥善处理，就会形成大矛盾。要化解同事之间的矛盾，我们应该采取主动态度，不妨尝试着抛开过去的成见，更积极地对待这些人，至少要像对待其他人一样地对待他们。一开始，他们会心存戒意，而且会认为这是个圈套而不予理会。耐心些，没有问题的，平息过往的积怨的确是件费工夫的事儿。只要坚持善待他们，一点点地改进，过一段时间后，表面上的问题就如同阳光下的水一样蒸发得悄无踪影。

俗话讲，冤家宜解不宜结。在与同事发生矛盾时，要主动忍让，从自身找原因，换位为他人多想想，避免矛盾激化。如果已经形成矛盾，自己又的确不对，就要放下面子，学会道歉，以诚心感人。

退一步海阔天空，如有一方主动打破僵局，就会发现彼此之间并没有什么大不了的隔阂。亲人朋友这样相处相交多年的人群之间都会有分歧、矛盾，更何况是从偶遇开始的同事呢。

## 明智处理好同事关系

古有明训："君子之交淡如水"，这句话运用在同事间的人际关系中最适合不过了。因为公司毕竟是一个成员众多又具竞争性的组织，既然你不可能和每个人都结为知己，就只有和他们保持"泛泛之交"，作友善而又不至于彼此伤害对方的往来，才是明智之举。

同事间的相处是一种学问。与同事相处，太远了当然不好，人家会认为你不合群、孤僻、不易交往，太近了也不好，容易让别人说闲话，而且也容易令上司误解，认定你是在搞小圈子。所以说，不即不离、不远不近的同事关系，才是最难得和最理想的。

就某种意义而言，大家在同一个公司里，可以说是同舟共济、甘苦与共，若人人都能成为朋友，便可以倾诉烦恼，互相帮助，更可借着良性竞争发挥彼此激励的效果。

可是一旦深入私人领域，后果可能一发不可收拾，特别是在牵涉到金钱或个人问题时，宜谨慎行事。因为今日的美好，或许会成为明日的"把柄"。

虽有人谓"好朋友最好不要在工作上合作"，但大家都是打工仔，聚在一起工作也不奇怪。一天，公司来了一位新同事，他不是别人，正是你的好友，而且，他将会成为你的拍档。上司将他交托与你，你首要做的是向他介绍公司的架构、分工和其他制度。就当他是普通的同事吧，这时候，不宜跟他拍肩膀，以免惹来闲言闲语。

总之，大前提是公私分明，记着，在公司里，他是你的拍档，你们必须精诚合作，才可以创造良好的工作效果。由于他是新人，许多地方是需要你的提示的，这方面，你就得扮演老师的角色，当然切不能颐指气使，更不应倚老卖老引他人反感。私底下，你们十分了解对方，也很关心对方，但这些表现最好在下班后再表达吧，跟往常一样，你们可以一块去逛街、闲谈、买东西、打球，完全没有分别。

当一位旧同事吃回头草，重返公司工作，你有必要注意自己的态度。因为旧人对你和公司都有一定的了解，即是说他并不需要时间去适应，而你亦没有时间去备战，要立刻见招拆招。

如果此人以前只是一个小角色，如今飞上枝头变凤凰的话，请小心其作风与手段。因为肯吃回头草，多数其职级亦高升，难免有点飘飘然，那还好一点，你大可以投其所好，讲些动听的话，但切莫"拍马"拍得出格，那只会让他瞧不起你。

此君若以前与你共过事，请不要在人前人后或他面前主动再提以往的事，就当是新同事新合作吧，避免大家尴尬。要是他过去与你不相干，如今却成了拍档，不妨向对他有些了解的同事查问一下他以往的历史，但要装作轻描淡写，不留痕迹。

好拍档另谋高就，公私两方面都要你重新面对。姑且勿论新拍档是新同事，还是由别的部门调来，你俩都需要一段时间去磨合、协调。

如果他是新同事，你首先要做的，是向他介绍一下公司的办事作风、各种小节的规矩、你部门的工作程序、和你俩的工作范围、合作情形等，让他"热身"，这样他才能快点投入工作，分担你的压力。

每个人都有自己的一套做事方法，你向他介绍旧拍档的工作方法时，请客观一点，概括而谈就可以，除非对方追问，否则，他可能误会你要他依循旧法行事，间接阻碍了他的能力发挥。新人做事不妨有新作风，让他多提意见，或许会有新的发现，同时也表现出你的民主和客观，避免了或大或小的误会和芥蒂。

切忌将旧拍档的名字挂在口边，仿佛他令你难以忘怀，间接给新拍档造成压力，"以前我们不是这样做的"，"他肯定不会如此处理同样事情"等类似的话，必须抛到九霄云外，你俩才能合作愉快。

某位同事生性暴躁，常因小事就"唠叨"不已，虽然事后他不会把事情放在心上，但事前的粗声粗气或过激反应，却叫你闷闷不乐。对付这些脾气刚烈之人，最佳办法是以静制动，然而，不要误会，并非是采取凡事"忍耐"的策略，相反，要积极和主动。

许多公司有不成文的习惯，就是获升职者要"观音请罗汉"，你若身处这些公司，当然要入乡随俗。要视加薪额和职级而定，一则是量入为出，二则是身份问题，如果你只是小文员一名，却动辄请同事吃海鲜餐，未必个个会欣赏，可能有人认为你太"招摇"，所以，一切最好依照旧例，人家怎样，你就怎样。有人当面恭维："你真棒，什么时候再请第二次？"你可微笑地答："要请你吃东西，什么时候都可以呀！"一招太极就能解决问题。

要是相反，有同事表示要请客祝贺你，当然要答应，否则就是不赏脸，不接受人家的好意。不过，答应之余，请考虑：对方一向与你投契得很，纯是出于一片真心？还是彼此只属泛泛之交，此举只是"拍马屁"？前者你自然可以开怀大嚼，后者嘛，吃完之后最好反过来做东，既没接受他的殷勤，又没有得罪对方。

许多公司有欢迎新同事和欢送旧同事的习惯，身居要职的你，应热烈支持这些行动。欢迎会目的是联络感情，欢送会则表示合作愉快或感谢过去的帮忙。所以，前者你不必一定出席，除非你的工作岗位是公关或人事部。这样更显得你有独特风格，何况既是新同事，不愁他日没有机会互相了解。后者你一定要去，因为这会让你在别人心目中的印象变得更好。

你应当学会体谅别人。不论职位高低，每个人都有自己的工作范围和责任，所以在权力上，切莫喧宾夺主。

## 注意同事之间的交际礼仪

英国作家托·卡莱尔曾经这么提醒我们："在人与人的交往过程中，礼仪越是周到就越保险，运气也会越好。"

谨慎而恰当地与周遭的人应对进退，正是职场应该注意的礼仪，尤其是面对异性同事，更要拿捏好应有的尺度。

和办公室里的异性交谈，应该注意彼此性别不同，采取不同的谈话方式。

同性别的同事交谈，有时会随便些，但若是和异性谈话，就应特别当心。当然，要注意的是男女有别，而并非处处设防、步步为营。

譬如，办公室新来一位女同事，女性之间就自然会问起年龄、婚姻状况，若是男同事一开始就问这些问题，恐怕不仅是这位女同事，其他人也要怀疑这个人心术不正了。

女同事与男同事谈话时，应该态度庄重、温和大方，千万不要言语轻佻、搔首弄姿，给自己带来不必要的麻烦。

男同事在女性面前往往喜欢夸大其词，显示自己有多大的本事，并爱发表自以为超人出众的思想，目的自然是为了引起对方的好感。这些话语，女性都只能姑且听之，不要过于相信。

如果对方是个长舌的家伙，唠唠叨叨说个没完，实在令人难以忍受，那么大可借机打断他的话。

同一办公室里，倘若对方不是交情深厚的同事，千万不可肆无忌惮地畅所欲言。彼此关系浅薄，交情普通，你却硬要和他深谈，是件相当危险的事，有时会给自己招惹一些不必要的麻烦。

因此，在同一个办公室内，要和周遭的同事搞好关系，谈话时要考虑到亲疏关系，一般程度的，大可只谈天气、政治局势，少谈自己的私事，也不要批评公司内部的重大决策；当然，这并不是要你与同事只保持表面上的客气，平时在工作上还是应该互相帮助。

要注意的是，尽量不要与穷极无聊的长舌同事议论别人的是非，更不可尽挑些上司、同事之间的八卦新闻东谈西扯，这不但影响同事间的团结，同时也破坏了办公室里和谐的气氛。

## 客户难缠怎么办?

我们必须与各种各样的客户打交道，自然会遇到我们不喜欢，甚至很讨厌的客户。但不管是公司的主要客户，还是临时来购买产品或服务的个别顾客，我们都应该拿出一个职业人的涵养和热情来，让刁钻难缠的客户被我们"收服"。

要应付一位难缠的客户，一方面需要我们自身具有一定的修养，具有忍让、谦逊的品格，在客户不满时站在对方的角度体谅客户的心情；另一方面我们也应该针对难缠客户的不同类型，有的放矢地实施应对之策。

大多数情况下，对客户的服务是一种被动行为，即客户主动提出服务要求之后，经销商、服务商再做出反应。事实上，客户所反映的信息往往是客户全部感受和反映的一小部分，只是露出海面的冰山一角，当出现一件投诉案时，背后或许已经失去了10倍的客户。所以对这些向企业提出批评的客户，实际上标志着他们会是比较忠诚的客户，也是能够贡献出大客户价值的群体。所以，对于这样的客户，我们应当更加珍视。确实有些客户提出的问题很尖刻，有些要求很高，但是不管怎样，对我们来说有句名言应当知道："客户永远是对的"。

我们在应付难缠客户的时候，可以掌握以下这些技巧：

第一，使客户的发泄得到满足。

许多难缠的客户在对企业表达不满时，会表现得比较激动，怨气十足。这个时候我们不应该让情感控制自己的理智，对客户攻击性的言辞产生对立情绪。因为，如果客户的不满情绪得不到发泄，那么服务工作就无从做起。让客户发泄怨气是对付难缠客户的第一个步骤，很关键。如果客户的怨气不能够得到发泄，他就不会听我们的解释，以至于针锋相对，最终闹得不可收拾。事实上，与客户交流的关键在于沟通。在实际处理中，我们必须耐心倾听客户的抱怨，不要轻易打断客户的讲述，更不要批评客户的不是，而是耐心鼓励客户把所有问题都说出来。当客户将所有的不满发泄出来之后，他的情绪会逐渐平稳，也会更理智。这个时候，我们的解释才会产生一定的效果，客户也会乐于接受解释和道歉。

第二，站在客户的立场考虑问题，理解和同情客户。

考虑事情要将自己摆在客户的角度来思考问题。客户的问题也许很简单，但是，既然客户提出了这个问题，那么这个问题肯定对他非常重要，他必然期望获得解决。客服人员在实际工作中，应当主动扮演客户的角色，从中体会客户的感受，也许这样就能发现自己从未注意过的问题。

第三，亮出微笑来，不要刺激客户。

客户的抱怨大多数源于对提供的产品或服务不满意。因此，从心理上说，抱怨的客户会觉得经营者已经亏待了他。如果我们在处理抱怨的过程中，态度不好，就会导致客户的心理感觉和情绪变得更差，最终严重恶化客户和经营者之间的关系，严重降低客户忠诚度。反之，如果我们态度诚恳、礼貌有加，客户的抱怨抵触情绪会得到控制，这样就能促使抱怨的客户能以比较理智的心态来与经营者沟通。

第四，对客户的要求和不满做出最快速的反应。

大多数客户提出的问题都是源于所提供的产品或者服务不能满足客户的要求，因此客户激烈反应的最终目的是达成满意，而不是让经营者难堪。所以，出现这样的情况，我们必须快速反应，迅速处理。这样做就会让客户产生被重视和被尊重的感觉，降低客户的抱怨，而且表示了经营者解决问题的诚意，使客户在心理上获得补偿。同时，快速处理问题，能够及时防止客户的负面信息传播，进而造成更大的影响。

第五，表现得宽容大方些，提供让客户惊喜的补偿。

出于对提供的产品或者服务不满，抱怨的客户往往希望得到适当的补偿。这种补偿有可能是物质上的，比如更换产品、退回货款、索赔等等，也可能是精神上的补偿，比如道歉等。经营者在提供补偿时，不妨在合理的范围内，在能够承受的情况下，额外地提供一些客户意想不到的补偿，无论是精神上的还是物质上的，关键是能够超出客户的预期。这样，对客户来说，他的抱怨不但得到了解决，还获得了意外的补偿，从而提高客户对经营者的忠诚度，变坏事为好事。正如前面所说的，找上门来抱怨的客户，是忠诚的客户，即使不满意，也不主动提出抱怨的客户，必将成为别人的客户。

第六，在必要的时候，应该请高层经营管理者出场。

从心理需求上讲，难缠的客户迫切希望经营者能够重视他的抱怨，重视他的意见。而大多数情况下，处理客户问题的大多数是负责客户服务的一线员工。这样，即使问题得到最终解决，难缠客户仍然在心理上感到不满意。虽然，难缠的客户也许并没有见到高层管理者的期望，但是，如果高层管理者能够介入此事，难缠的客户会立刻降低抱怨的抵触情绪，反而不再希望获得更多的补偿。因为高层管理者的接见已经让他获得了心理上的补偿。反过来，高层管理者也可以通过接触最终用户直接了解到客户的需求。

上面主要介绍了对付难缠客户的常用要领和方法。因为，客户也都是普通人，只要我们能从自身出发，把握自己的心态和情绪，推己及人，便会使一般问题顺利解决。

但我们在应对不同类型的难缠客户的时候，也应该洞察他们的不同动机，从而拿出有所区别的解决办法。

爱挖苦人的客户的特点是试图发泄内心不满，不死心，自卑感强，极力保护自己。对待这种客户应该认真体会他们的不满，而不要反驳他们。

盛气凌人的客户的特点是非常自信，主动攻击，而且爱固执己见。对于这种客户首先应冷静宽容，不要在他咄咄逼人的攻势下丧失理智，与他互相叫板。

滔滔不绝的客户的特点是以畅所欲言为快乐，追求击败对方的满足感。这就需要我们摆出一种良好倾听者的姿态，用耐心和爱心去赢得他们的理解和信任。

爱撒谎的客户的动机是不愿让人窥知自己的意图，不愿暴露自己的弱点，处处力争主动地位。对待这种客户，要采取以柔克刚的策略，多了解他的心态，巧妙揭开对方的假面具，有备而发。

虚情假意的客户的特点是没有购买动机，觉得上当后又对业务员施行报复，不相信业务员。对待这种客户不可当面揭露，要给客户一个台阶，同时应积极吸引客户的注意力，诱导他们的购买新需求。

自作聪明的客户的特点是自命不凡，但却害怕承担责任，通常喜欢占小便宜。我们可以采取的策略是先抬高他，同时低调处理自己的言语、表情，然后再设法引导和求得理解。

不怀好意的客户的特点是不想失败，不愿受人轻视。对待这种客户应该显得老于世故些，多用一些接近客套、老练的方式来应对，让其有所收敛，知难而退。

在推销或售后服务时，我们经常会遇到比较棘手的需要"摆平"的客户，这个时候我们不能急躁放弃，也不能强硬对待，而应该摆正自己的位置，从客户就是自己的衣食来源的观点出发，做好应对工作，并针对不同客户有区别地进行沟通和处理，从而解决问题，赢得和留住客户。

# 让"衣食父母"离不开自己

　　客户是产品和服务的购买者，也是我们的"衣食父母"。因为在市场经济条件下，大部分的人从事的都是非垄断性的行业，也就是说我们的产品和服务有许多的竞争对手。即使是一种新产品，有着专利法规的保护，也无法阻止我们的客户去尝试新的替代产品。

　　我们能够做的是一方面把产品和服务推销给新客户，与此同时想方设法留住已有的客户，使客户离不开自己，从而使自己的业绩和收益能够稳步增长。如何才能让客户离不开自己呢？

　　第一，要保证产品和服务的质量，要保证一流的售后服务水平。不论我们多么能说会道，价廉物美的产品和服务永远是客户的首选。我们应该在物有所值的定价原则下，不断提高产品的功能、寿命、外形等客户期待值。唯有提供这样的物超所值的商品，才能赢得用户的忠诚和持续消费。

　　第二，让客户参观生产现场或直接参与产品的改进。所谓"眼见为实"，人们最信任的东西是自己亲眼见到其生产流程的产品。如果客户看到的是整洁明亮的生产环境、统一着装的熟练职员、标准规范的生产线和严格的质检程序，他们肯定会毫不犹豫地选择我们。这一点对于加工企业和电器生产企业来说，都是非常重要的。我们应该主动让客户走到我们的生产、服务中来，让他们感受到产品、服务的规范、严格，让他们为我们的工作改进出谋划策，成为"自己人"。

　　第三，应该抓住重点客户。开展客户关系管理并不意味着对所有客户进行管理，而应是对重点客户进行管理。也就是按照客户对公司的贡献进行划分，把顾客划分为重点顾客、一般顾客和潜在顾客，最终与重点顾客形成紧密关系。

企业也好，个人也好，自身的资源和精力都是有限的，如果都"一视同仁"，其结果很可能会被重要客户抛弃，因为他们得不到应有的服务和对待。一般来讲，在公司顾客的比例中，虽然重点顾客一般仅占公司所有顾客10%的比例，一般顾客占30%，潜在顾客占60%，但公司对重点顾客的管理，在人员、财务和资源的投放都应占到60%，对一般顾客的投放需占30%，对潜在顾客的投放力度则占10%。

第四，要主动适应，与客户融为一体。客户关系管理的关键是如何融入到客户的生意和生活中去，最终达到客户关系管理的最高境界——让客户离不开你。

具体而言，要分清客户的需求层次，从低到高地满足客户的需求。首先必须满足客户的基本需求，然后满足客户的绩效需求，最后必须满足让客户激动的需求——即能满足客户没有想到的要求，给客户意外惊喜，让客户满意。

第五，以客户利益为导向，为客户创造更多价值。维系客户关系管理最根本的原则是从客户利益出发。客户利益可以分为三个方面：一种是财务利益，通过为客户提供优惠折扣来实现；二是社交利益，即与客户成为朋友，加强情感交流；三是结构性利益，这种类型适合企业与企业之间，双方建立合作关系。

应该以客户为导向，由衡量"客户从你的企业获得的价值"开始，而不是只衡量销售额和利润。缺少对客户提供价值的衡量将直接导致对客户需求的忽略。

第六，打造战略联盟关系，建立良好的合作伙伴关系。

客户关系管理的层次分为：卖主关系、被优先考虑的供应商、伙伴关系和战略联盟关系。其中，战略联盟是企业客户关系管理的最高阶段。

最高层次是企业战略联盟，有正式或非正式的联盟关系，双方企业在各个级别上都有重要的接触。双方有着重大的共同利益，投入巨大资源在各方面紧密合作，达到无边界管理。

一般战略联盟的三种形式：一是定制模式（一对一服务、精心制作定制方案、带走客户的问题），二是引导模式（利用优势引导客户、建立客户的产品使用机制、与客户一起开辟新领域），三是合伙人模式（合作设计、同步运作、业务结合）。

我们应该根据企业规模、行业、产品的特点来确定与客户的战略联盟方式。

第七，注重情感投资，重视形式创新。在现实的中国社会中，"情感投入"可能是最为行之有效的客户关系管理方法。给客户祝贺生日、送鲜花可以是客户关系管理的一种形式，精神上的关怀同样体现了一个企业的内在文化。但情感投入的做法第一次还不错，长久以后客户会觉得没新鲜感，也容易产生服务的同质化，被竞争对手模仿，提升服务方式的创新性同样重要。

因此，要让客户离不开自己，除了产品的品质和良好的售后服务之外，我们首先应该把重点放在为客户创造价值上，帮助客户解决烦琐的问题，把企业的服务融入到客户的日常生活中或客户的经营活动中去，使我们成为客户企业发展的助手和一分子，成为不拿薪水的"自己人"。

## 重视情感投资

在一个共同的社会中，我们的生存不仅依靠个人的劳动和努力，还依赖于与其他人的良好合作与交际。良好的人际关系不仅是一种求得生存的必要基础，也是人的精神需要。没有人能长期忍受孤独，从宗教和某种精神追求中实现的个人封闭也不会长久。

一个人可以有好几种投资，如果对于事业的投资相当于买股票，那么，对于人缘的投资就是买忠心。买股票所得的资产有限，买忠心所得的资产无限；买股票有时会亏本，买忠心则始终能赢利。股票是有形资产，忠心则是无形资产。

"纣有人亿万，为亿万心，武王有臣十人，惟一心。"纣之所以败亡，武王之所以兴周，就在于有没有这份无形资产。正所谓："得天下者得其人也，得其人者得其心也，得其心者得其事也。"

人是感情动物。我们在感情账户上的储蓄会赢得对方的信任，当我们遇到困难需要对方帮助时，就可以得到这种信任换来的鼎力相助，而且帮助的人越多，我们得到的就越多。

人与人之间如果没有互信互助，就没有互惠互利。没有较深的感情，就不会有彼此的信任。在平时的人际交往中重视感情投资，不断充实情感，就是堆积信任度，保持和加强亲密互惠的关系。

日本麦当劳社长藤田田著有一本畅销书《我是最会赚钱的人》，书中将他的所有投资进行分类，并对各自的回报率进行研究对比。结果发现，感情投资在所有投资中，花费最少，回报率最高。

藤田田非常善于感情投资。日本麦当劳每年支付巨资给医院，作为保留病床的基金。当职工生病、发生意外时，可以立刻住院接受治疗。即使在星期天出现急病，也能马上将人送到指定的医院，避免在多次转院途中因来不及施救而丧命。尤其令人感动的是，员工的家属如果有急病，也可以享受这项优待。有人曾问藤田田，如果他的员工几年不生病，那这笔钱岂不是白花了？藤田田的回答是："只要能让职工安心工作，对麦当劳来说就不吃亏。"

藤田田还有一项创举，就是把员工的生日定为个人的带薪休假日，让他们在家里与亲人共度生日。对麦当劳的员工来说，在生日这天，既是与家人尽享天伦之乐的一天，又养足了精神，第二天便可以更加精力充沛、心情愉悦地投入到工作当中。

藤田田觉得，为职工多花一点钱进行感情投资是绝对值得的。感情投资花费不多，但换来员工的积极性所产生的巨大创造力却是任何一项投资都无法比拟的。

人人都有被爱的需求，感情投资正是通过满足人性的需要、感情的饥渴而进行的投资，也是一种最有效的投资。

松下公司的创始人松下幸之助也是一个注重感情投资的人，他每次看见辛勤工作的员工，都要亲自上前为其沏上一杯茶，并充满感激地说："太感谢了，您辛苦了，请喝杯茶吧。"正因为在这些小事上，松下幸之助不忘表达出对下级的爱和关怀，所以获得了员工们一致的拥戴，他们一起将"松下"做成了国际品牌。

"士为知己者死，女为悦己者容。"善待他人，主动去帮助别人，多关心他人的生活和情感，他人自然会为"知己者"拼搏。特别是在你处于困难的时候，他们会帮你渡过一个个难关。

要想获得周围人的真心接受和喜欢，我们也应该在一些具体方面树立自己在别人心目中的形象，以实际行动使自己成为"受欢迎的人""人缘最好的人""神通广大的人"。

第一，经常面带微笑。笑是每个人不花任何代价就可以随时显现出来的。微笑是友善的信号，也是一种宝贵的精神财富。在彼此相交中，能够给人一个温馨、善意的微笑，会给我们带来意想不到的快乐。

第二，说话和气友善。要使自己说出的话产生感召力，达到融洽关系、平和相处的目的，很大程度上取决于说话的质量。说话质量的优劣又与说话的声调、语气有很大的关系。同样的一句话，用不同的语气、语调说出来，效果就大不一样。

第三，待人热情主动。在社交中，冷漠、敷衍、搪塞的态度只能让人反感，加大心理距离。只有热情主动，友谊的甘露才会滋润人们的心田，结出丰硕的友谊之果。

第四，遇事为人着想。社会心理学的研究结果表明，一个人要想得到别人的信赖，一种有效的方式就是处事首先着眼于对方的利益。如果我们在与他人的相处中，善于为他人着想，善于关心他人的利益，就会赢得人心。

第五，始终以诚相待。俗话说："诚实无欺，做人根基。"离开了真诚，则无友谊可言，一种真诚的心声往往能唤起一大群真诚人的共鸣。以诚相待是现代人处事交往的重要原则，只有说真话、办实事，才能优化我们的人格形象。

第六，维护他人尊严。人各有所长，也各有所短。在与人相处中，切记不能随意拿别人的短处或缺陷开玩笑嘲笑别人。一个不尊重他人、随意伤害他人人格的人，实质上是对自己极大的不尊重，是对自己人格的侮辱。

第七，尽量有求必应。现代社会的每个人都是社会系统有效动作的一个小齿轮，由于从事的职业和能力之间的差别，人与人互相之间都有所求，只有相互依赖、相互协助、相互负责，才会获得事业的成功。不要轻易说"NO"，在自己的能力范围之内、在不悖原则的基础上要真心地为他人解忧帮忙。

第八，做到一视同仁。在现实生活中，常常有些人见到比自己强的人就巴结，见到比自己弱的人就欺凌，这种奴性意识令人生厌。与人相处，无论其地位高低、穷富，都应一视同仁、平等相待。这是一个人成就大事、受人拥戴的显著特征。

好习惯都是日积月累、慢慢培养起来的。因此，我们在日常生活和工作中，就要培养自己的交际原则和习惯，广交朋友，以备不时之需。当有人把友谊之球投掷过来时，好好接住，并回掷过去。这不是简单的交换，而是做人的基本素养。

如果我们平常都是这样去做的话，人际关系肯定会和谐愉快。如果不了解这种基本原则，又想建立良好的人际关系，那是无法达到的。

商业上的竞争原本就是功利性很强且锱铢必较的，但把它应用在人与人之间的办事交往中却是很偏颇的做法。现在一些公司大都设有服务部门，只要顾客有所要求，他们办得到的就立刻去办，办不到的也绝不敷衍，会让顾客产生一种莫大的被尊重感，奠定继续往来的基础。

在现代社会中，的确有很多人希望得到立竿见影的效果，否则便不愿付出。人情投资最忌讲近利，讲近利，就有如人情的买卖，就是一种变相的贿赂。对于这种情形，凡是有骨气的人，就会觉得不高兴，即使勉强接受，心中也不以为意。此种以利益计算为先的人缘关系有如被蚂蚁筑穴之堤，终会溃掉的。

# 第九章
# 战胜自己有方法

让自己强大起来，才不会在做事的过程中唯唯诺诺、犹豫不决。让自己强大起来，战胜自己，那么你收获的不仅仅是自身的改变，还有即将到来的成功。

## 🦎 不要因为恐惧而放弃行动

恐惧是人最基本的情感之一，也是一种重要的心理反应，这种反应增强了保护自己和逃避危险的能力。但是，恐惧使人闭目塞听，让人的意识变得狭窄，判断力、理解力降低，甚至丧失理智和自制力，行为失控。长期处于恐惧状态中，会严重影响人的寿命和创造力，使人变得胆小怕事，最终一无所成。

有这样一个故事：有四个人，一个盲人、一个聋子、两个耳聪目明的健全人来到峡谷，准备过河。峡谷的涧底奔腾着湍急的河流，几根光秃秃的铁索横亘在悬崖峭壁间，而这就是他们行程中必须通过的桥。

四个人一个接一个地抓住铁索，凌空行进。结果盲人、聋子和一个耳聪目明的人过了桥，另一个身体健全的人却跌入涧底，丢了性命。

难道耳聪目明的人还不如盲人、聋子？不是，他的弱点恰恰源于耳聪目明。

盲人说："我眼睛看不见，不知山高桥险，心平气和地攀索。"聋人说："我的耳朵听不见，不闻脚下咆哮怒吼，恐惧相对减少很多。"那么那一个过了桥的健全人呢？他的理论是，"我过我的桥，险峰与我何干？急流与我何干？只管注意落脚稳固就够了。"

要消除心理上的恐惧就必须勇敢地面对它，必须行动，行动是消除恐惧的最好方法。

美国激发潜能的课程中有一项必需的活动——走火——赤足走过烧红的木炭。

一个活动参与者回忆说："我永远记得第一次参加走火活动时的情景。那是在夜里12点，12尺长的火花纷飞的木炭让我联想到烤肉架上的肉，令人十分恐惧。当时，我的老师安德鲁斯提醒我说：'你永远要记得你所想要的，而不是你所恐惧的。'

"记得那次我还是特地排在一个小女孩后面。我心想如果她走得过，我也应该走得过。然后，走火开始，数百人走了过去，脚部安然无恙。见状，我隐隐增强了一些信心。接着，当我发现前面的女孩双脚不停发抖时，我的信心又动摇了，就在这时，那名女孩竟大踏步走了过去。我心想，她可以，我也一定能。接着我也信心十足地走过去了。顺利过火之后，我的第一个念头是：走火竟然这么简单！"

的确，有很多事情看起来都很困难甚至不可能，但是只要下定决心去做，就没有那么困难，甚至非常简单。

战胜恐惧，我们首先要相信自己，我一定能行！没有天生的成功者，也没有天生的失败者，每个人都是独一无二的，没有谁可以代替另一个人。恐惧的产生，实际上就是一个人的心态问题。只要我们用自己良好的心态去面对，选择坚强勇敢，那么困难在我们面前就会显得十分渺小，甚至微不足道。

贝尔姆小时候因为一次火灾导致下半身被严重烧伤，当时连医生都特别担心，说这孩子的下半身被火烧得太厉害了，活下去的希望很渺茫。

但是这个男孩不愿意就这样被死神带走，他终于熬过了关键时刻。然而他在手术后虽然保住了两条腿，却整天只能坐在轮椅上，他的下半身毫无知觉，两条细腿纤弱地垂在那里。然而他要用自己的腿走路的决心却从未动摇过。他让妈妈每天为他按摩双脚，自己也每天都尝试活动着那毫无知觉的脚。终于在无数次跌倒之后，他颤颤巍巍地站起来，迈出了第一步。他的膝盖、手臂多处都磨出了血，但他始终没有放弃过锻炼。后来他不但学会了走路，甚至还加入了田径队。在一次运动会上，他跑出了全场最好的成绩。

在灾难面前，我们往往束手就擒，甚至怨天尤人。扪心问问自己，真的陷入了绝境了吗？绝境尚可有逢生的机会，关键的问题就在于我们是否能够勇敢地去面对。大声告诉自己："我是世界上最伟大、最成功的人！"

很多看起来很吓人的困难，其实都是纸老虎，之所以看上去那么恐怖，只是因为我们的决心还不够坚定，我们的目标还不够明确。认定目标，然后勇敢地去行动，恐惧就会立刻烟消云散。

世界上有一些人，总是对某种事物或某种行为产生一种异乎寻常的恐惧感。他们明明知道毫无理由去害怕让自己感到害怕的东西，但却怎么也控制不住自己，即使是一些看似微不足道的事情。有的人站在高处害怕自己坠落，有的人不敢在无人的旷野里行走，有的人害怕独处在狭窄的巷道或小屋里，还有的人怕老鼠、怕火、怕水等。心理学家把这种心理称为恐惧症。

克服这些恐惧心理，不妨试试下面这些简单的心理疗法。

第一，学会自我安慰，对既成的事实要善于自我解脱。契诃夫曾提议："要是火在你的衣袋里燃起来了，那你应当高兴，而且感谢上苍，多亏你的衣袋不是火药库；要是你有一颗牙痛起来，那你就该高兴，幸亏不是满口的牙都痛起来。"

第二，学会设想自己处在最恐惧的境地，我们就会发现，一切不过如此而已。法国剧作家贝尔纳是犹太人，二次大战中巴黎被德军占领，他被捕了。但他说："在此之前，我每天都生活在恐惧之中，可是今后我就怀着希望，一定能够生存下去。"

第三，在遇到恐惧时，试着用幽默去面对。一旦发生恐惧就问自己："我这样恐惧是想回避什么呢？"然后着手用幽默来解决它。一家医院妇产科病房曾有条标语："生命的最初五分钟是最危险的。"令所有来到这里的亲人和未来的母亲们都忧心忡忡。后来，有人在后面加了一句："最后五分钟也十分危险。"顿时让所有人都如释重负。

第四，懂得知足常乐。作家三毛在《什么都快乐》里一口气写出21个"不亦乐乎"："逛街一整日，购衣不到半件，空手而归，回家看见旧衣，倍觉件件得来不易，而小偷竟连一件也未偷去，心中欢喜，不亦乐乎……"我们也可以试着这样找找乐子。

第五，懂得顺其自然。我们的恐惧很多时候是毫无道理的。要知道，不会发生的事终究不会发生，该发生的事也不可能因你的恐惧而消失。不管是在工作中，还是在生活中，如果我们遇到困难就绕道而行，久而久之，工作上的恐惧就会随之而来。要敢于跨越工作上的困难，要敢于挑战自我，要敢于向看似"不可能完成"的事情挑战，只有这样我们才能出色地完成自己的工作，也只有这样我们才能战胜自己心理上的恐惧。

## 把"不可能"变成"可能"

"伟人之所以伟大，是因为他与别人共处逆境时，别人失去了信心，他却下决心实现自己的目标。"

当德国的战车碾遍欧洲的时候，当春风得意、不可一世的希特勒叫嚣着要将英吉利海峡变成第三帝国的内河时，邱吉尔和英国人民并没有屈服和被吓倒；当八万六千中央红军从江西苏区突围的时候，没有人能想象他们在12个月的时间内，在每天几十架飞机侦察轰炸、数十万敌军围追堵截的情况下，飞夺泸定桥，翻雪山、过草地，长驱二万五千里，纵横11个省；更没人能想到，衣衫褴褛、靠着互相搀扶走到陕北的数千红军能成为抗日的主力，最终成为旧时代的解放者、新中国的缔造者。

很多时候，当我们遇到棘手的问题或艰巨的任务时，第一反应就是马上说"不可能"，而不是去认真考虑这件事到底有没有可行性。"一个年轻人，只要他下定决心，就没有什么事是办不到的。"世界汽车界骄子亨利·福特就用他百折不挠的行动将诸多不可能变成了可能，从使汽车变成大众都能买得起的T型车，到世界上第一条汽车装配线，到当时世界上最大的工业体系——罗奇工厂，被人称为"美国的传奇"。

世上没有过不去的火焰山。在奋斗的过程中，每个人都可能随时碰到困难，克服一次、两次，还会有新的困难，甚至旧的困难还未解决，新困难又纷至沓来。

总是抱怨环境困难，为自己寻找借口的人，是不会有太大作为的。这个世界上有成就的人是那些寻找他们想要的环境的人。假如找不到，他们就创造这样的条件和环境。

我们之所以说事情"没有可能"，仅仅是因为我们把自己捆绑住了。遇到问题我们要考虑的是如何想办法去解决它，而不是纠缠于"我现在是否能解决这个问题"。

20世纪50年代初，美国一个军事科研部门着手研制一种高频放大管。开始的时候，科研人员都被高频率放大能不能使用玻璃管的问题难住了，他们一直在讨论是否该换用其他材料，研制工作迟迟没有进展。后来，美国军方把这项任务交给了由发明家贝利负责的研制小组，同时还下达了一个指示："不许查阅有关书籍。"

经过贝利小组的共同努力，终于制成了一种高达1000个计算单位的高频放大管。在成功完成任务以后，研制小组的科技人员都想弄明白军方下达不准查书的指令的原因。于是他们查阅了有关书籍，结果让他们大吃一惊。原来书上明明白白地写着："如果采用玻璃管，高频放大的极限频率是25个计算单位！"

贝利对此发表感想说："如果我们当时查了书，一定会对研制这样的高频放大管产生怀疑，就会没有研制的信心了。"

在面对问题的时候，我们应该把"怎么可能"改为"怎样才能"。从心态和注意力的调整开始，积极地想办法，努力地实现它。

一个留学美国，身高仅仅一米五三的矮个子穷学生，19岁时就制定了自己50年的人生规划。其中一条，就是要在40岁前至少赚到10亿美元。

如今他四十多岁，这个梦想早已成了现实。这个人名叫孙正义，日本"软银集团"的创始人，一个被誉为"互联网投资皇帝"的人。全世界没有任何一个人，包括比尔·盖茨，能够拥有比他更多的互联网资产，他投资的雅虎等互联网资产，占有全球互联网资产的7%。

在制定人生50年规划的时候，他的父母正为无法负担他的学费、生活费而发愁。他也有过到快餐店打工的想法，但很快又被自己否定了，因为这与他的梦想差距太大。他决定向松下学习，通过发明创造赚钱。

他开始逼迫自己不断地想各种点子。一段时期内，光他设想的各种发明和点子，就记录了整整250页。

最后，他选择了其中一种他认为最能产生效益的产品——"多国语言翻译机"。但这时问题马上来了，他不是工程师，根本不懂得怎么组装机子。但这难不住他，他向很多小型电脑领域的一流技术专家请教，向他们讲述自己的构想，请求他们的帮助。

大多数教授拒绝了他，但最终还是有一位叫摩萨的教授答应帮助他，并为此成立了一个设计小组。这时孙正义又面临着另一个问题，那就是他手上没有钱。于是，孙正义又想出了一个主意——等到他将这项技术销售出去后，再给他们研究费用。他的想法得到了教授们的同意，并与他签订了合同。

产品研发出来后，他到日本推销。夏普公司购买了这项专利，并委托他再开发具有法语、西班牙语等七种语言翻译功能的翻译机。这笔生意一共让他赚了整整100万美元。这个时候，孙正义才19岁。

将"不可能"变成"可能"，除了要有积极的心态和正确的方法外，还要不断尝试，勇于坚持。很多事情都是这样，如果我们轻易地放弃了，那么就永远没有成功的可能，如果我们勇敢地去尝试了、坚持了，结果则很可能让我们喜出望外。不到最后不能分出胜负——这是每个人都应该牢记的。

章蓉刚从旅游学院毕业后，来到一家著名饭店当接待员。参加工作不久，她就遇到了一个棘手的问题。一位来自美国的客人焦急地向值班经理反映，来中国前，他就预订了美国—北京—哈尔滨—香港的联票。但是，由于疏忽，一张去哈尔滨的机票没有及时确认，预定的航班被香港航空公司取消了。如果不能及时赶到哈尔滨去签订合同，将给他的公司造成很大的损失。

酒店的老总当即指派章蓉和另外一位老接待员去解决这一问题。她们一起到民航售票处，向民航的售票员介绍了有关情况，希望她能够帮忙解决这一问题。

但售票员的回答是："是香港航空公司取消的航班，和我们没有关系。"章蓉想为客人重新买一张票，但又被告知，去哈尔滨的票已经全部卖完了。

她们再一次向售票员重申，这是一个很重要的外国客人，如不能及时赶到会造成很大的损失。但售票员的回答仍然是："对不起，我也无能为力。""难道就再没有别的办法吗？"章蓉问道。售票员说："如果是重要客人你们可以去贵宾室试试。"她们立即赶到了贵宾室，却被拦在了门口，工作人员要求她们出示贵宾证。

章蓉不甘心，又重申了一遍情况，但工作人员还是不同意让她们进去。她突然想起一件事，问道："假如要买机动票，应该找谁？"得到的回答是："只有总经理。不过我劝你们还是别去找了，现在票紧张得很！"

碰了这么多次壁，同去的老接待员已经灰心丧气了，她拉着章蓉的手说："下面的人都这么说了，票这么紧张，很多人都会托关系找票。再去找总经理，恐怕更没希望了。算了吧，还是回去吧，反正我们已经尽力了。"

那一瞬间，章蓉也有点动摇了，但很快她又否定了自己的想法，毫不犹豫地走进了管理票务的总经理办公室。见到总经理后，章蓉将事情的来龙去脉又讲述了一遍。总经理听完之后问："你干这个工作多长时间了？"得知她刚刚参加工作，看着她满是汗水的脸，总经理被她认真负责的态度打动了，说："我们只有一张机动票了，本来是准备留下来给其他重要客人的。但是，你的敬业精神和对客人负责的态度让我非常感动。这样吧，票就给你了。"

当章蓉把机票送到望眼欲穿的客人手上时，客人简直是喜出望外。酒店的总经理知道这件事后，当着所有员工的面对她进行了表扬。不久，她被破格提拔为主管。

只要有一线希望就不要放弃。当一个偶然被关在冷藏车厢的人被发现时，他已经手脚冰凉、全身紫青，完全是一副被冻死的状态了，在人们愤怒地责怪司机的疏忽大意时，司机却发现那天他并没有打开空调——关在车厢里的人是被自己绝望的意念"冻死"的。当一个困在沙漠中八天的探险者被营救出来时，他告诉人们，是生存的希望让他战胜了饥饿、干渴和寒冷。

当我们将一件件"很难办""不可能"的事情通过自己的努力和智慧，加上百折不挠的意志办到后，对我们而言已经没有什么困难可以让自己屈服的了。

成功就是将一件件现在看似不可能的事情变为现实的过程。

## 让野心成为自驱力

野心是一个贬义词，用好听一点的说法是雄心。野心是我们成就事业的基础，是我们行动的原动力。拿破仑有句名言："不想当元帅的士兵，不是好士兵。"这句话是对士兵的"野心"的最好鼓励和说明。世俗观念中，"野心"这个词并不好听，然而许多成功人士都是因为自己有一颗"想当元帅"的野心而最终如愿以偿的。如果没有野心，他们照样会流于平庸。其实，野心就是雄心，就是目标，就是方向。

陈胜小的时候，在为人耕田之余对伙伴说出"苟富贵，无相忘"时，却被平庸的小人笑话道，"若为庸耕，何富贵也"。当和叔叔项梁躲得远远地观看秦始皇游会稽、渡浙江的盛况时，项羽说出"彼可取而代之也"这样的话后，却被叔叔赶紧捂住了嘴，呵斥说："不要胡说八道，大逆不道，被人揭发这是会诛灭九族的。"

把自己的志向说成是野心是需要勇气的。这意味着我们从现在开始，已经做好了"丢面子"的准备，去面对别人的冷嘲热讽，抛开世俗的质疑和偏见，勇敢地实践自己的理想。当没有了思想的顾虑后，我们才能甩开包袱，真正开始特立独行，去做人家不屑做的，做别人不敢想的。当我们吃尽苦中苦，屡尝失败之后，成功终究会"熬"不过我们的无畏和不屈，向我们敞开大门。

凯蒙斯·威尔逊自1952年创建假日酒店，在不到20年间，他就把假日酒店开到了1000家，并走向了全世界，从而使假日酒店成为达10多亿美元规模的酒店集团，尽管取得了骄人的成就，凯蒙斯·威尔逊仍孜孜不倦，不断改进，永不满足，永远有超越对手成为最强者的野心，有将自己的酒店开到美国每一个州每一个需要酒店的地区，进而遍布世界的野心。

1913年1月5日，凯蒙斯·威尔逊出生于美国南方孟菲斯市西北的西奥拉小城镇。在他仅仅九个月的时候，29岁的老凯蒙斯患了重病，还来不及看到自己的儿子过一周岁生日便去世了。年仅18岁的母亲多尔把威尔逊带到孟菲斯市的外婆家居住。在取得政府补助之前的那段日子里，多尔别无选择，只有走出家门去工作，以养活自己和年幼的儿子。

威尔逊在年幼时就开始干活挣钱了。他的第一份工作是给"奶油面包房"做广告，挣了五美元。他六岁时找到了比较稳定的工作，就是卖《星期六邮报》，每份售价五美分。后来，威尔逊又找到一些挣钱的活儿，如利用晚上的时间在一位大伯家的地下室里制作摇椅、帮食品杂货店做食品装袋的工作等。他自己说："凡是你能想到的种种临时工作，我都干过。我是世界上最差的学生，因为我一有时间便工作，从而总是感到疲劳。我一到学校，便昏昏欲睡。"

威尔逊后来回忆说："我的母亲找到了一份工作，给一位牙医当助手，每周工资11美元。后来，她当上了一名簿记员。可是，她一个月的收入从来没有超过125美元。此情此景，你能想象得出吗？回首当年，那是何等艰难的岁月，真是度日如年啊！"

1930年，经济危机的灾难很快遍及美国，母亲多尔也加入不断扩大的失业大军。当时，威尔逊在中央中学读最后一年，他决定由自己去找工作挣钱，肩负起养家糊口的重担。出于对美好生活的向往，出于对母亲的回报，17岁的威尔逊对自己说不论自己受多大的苦，也要出人头地，成为有钱人，让母亲过上富足的生活。

威尔逊离开学校后，找到了一份工作，在一家经纪公司内把股票的最新价格写在木板上，每周工资12美元。不久当上了簿记员，每周得到的报酬仍然是12美元，而其他簿记员每周工资为35美元。他要求加工资，但给他一星期只增加三美元。于是，他便离职而去。

年轻的威尔逊不打算为别人工作，于是不得不开动脑筋想办法。他先后卖过爆玉米花，经营过弹球机。

一次，在他获悉有一家电影院正待出售，就发挥了其迅速成长的创造能力和能言善辩的口才，筹措到了必需的资金，终于办起了属于自己的电影院。这家电影院坐落在孟菲斯市郊区密西西比河畔的一个社区内，它叫德索托电影院，威尔逊前往观察后，就去找该电影院的业主。业主要价2000美元，威尔逊认为可以接受此价，但条件是在他将电影院重新开张后才能付款，每周付25美元，直至2000美元付清。该电影院业主表示同意。

紧接着，威尔逊前往全国剧院供应公司，该公司的经营者是鲍勃·博斯蒂克，在威尔逊经营电影院时，他提供了极其宝贵的帮助。那一天，博斯蒂克向威尔逊出售了价值4000美元的设备，全部赊销。就这样，威尔逊又一次在没有出预付款的情况下，搞起了一项新的经营。

威尔逊经营的第一家电影院，由于管理得当，生意相当红火。于是，他在博斯蒂克的大力资助下，在孟菲斯市通往机场和拉马尔大道的弯角处建造了一家崭新的电影院，这家电影院又获得了成功。此后，威尔逊开出了一家又一家电影院，几年里一共开办了11家电影院。

凯蒙斯·威尔逊的母亲一直对他说，她多么向往有一幢自己的房屋。到1933年威尔逊20岁时，他积蓄的钱已足够给母亲造一幢房屋。于是，威尔逊付出1000美元在波普拉大街上买了一块地，又花了1700美元造了一幢房屋，一共花去2700美元。那个地方当时还未开发，实际上还是农村，可后来该地区已经成为孟菲斯市最繁忙、最稠密的商业地带之一。他曾用这幢房屋作抵押，得到了6500美元的贷款。这件事给了威尔逊很大的启示：房产行业蕴藏着无限商机。他说："如果说能以1000美元买一块地，以1700美元造一幢房屋，然后以此作抵押借到6500美元，那正是我所向往的经营。"于是，从那一天开始，威尔逊当上了一名房地产商。

太平洋战争爆发后，威尔逊应召服兵役，当了一名美国空运指挥部的飞行官。

战后，凯蒙斯·威尔逊继续经营房地产、电影院等诸多产业，生意做得红红火火。1951年夏天的某一天，威尔逊带着母亲、妻子和五个孩子，驾驶着汽车，兴致勃勃地前往华盛顿特区，打算在那里过一个愉快的假日。他们一行进入一家汽车旅馆后发现，旅馆破旧简陋，不堪入目，没有洗澡的地方，没有娱乐场所，租金却贵得惊人。而且每到一家汽车旅馆，旅馆对同大人合住一间客房的每一个孩子总是要额外收费，每个孩子加收两美元。当时，一间客房的宿费大约是六至八美元，威尔逊有五个孩子，这样一来，他住八美元的客房变成了要付18美元。威尔逊认为，这是不应该的。旅途中的种种遭遇，使愉快的度假变得不愉快了，因此未等假期结束，威尔逊一家就打道回府了。在回家的路上，商人的本能使他的思绪像飞转的车轮那样，转个不停。他想："我为什么不开个汽车旅馆呢？"

这一次不愉快的度假，竟成为威尔逊开创新事业的契机。

1952年8月1日，威尔逊的第一家假日酒店正式开张了。

第一家假日酒店刚开张营业不久，凯蒙·威尔逊便着手建造更多的假日酒店。1952年9月，他在报纸上刊登整版广告，宣布第一家假日酒店已开张营业，同时列举了接着将开张的三家假日酒店及其地址。一家定于下月开张，地址在第51南高速公路，另外两家都定在1953年开张，分别位于第61南高速公路和第51北高速公路。

这一做法，当时遭到不少人的非议——威尔逊竟在没有购地或租房协议的前提下，提出了三家假日酒店开张的时间表。结果表明其雄心壮志多少有些过分，但并不严重。他在不到两年的时间内，在孟菲斯一个地方建成、投入营业的客房就共计448间，从而使他在当地的旅馆业市场上成为一名主要的经营者。

1953年，威尔逊与住宅营造商全国联合会副主席华莱士·约翰逊成为合作伙伴，共同经营假日酒店。威尔逊把这一点看作是向全国铺开假日酒店的一条途径。他们迅速同成百上千家已经在营业的旅馆取得联系，使假日酒店当时就能采用各家旅馆已经实行的预订制度和营销计划；通过向其他的住宅营造商兜售建造假日酒店的计划和许可证，他们在本行业率先采用了特许制度，把它推向了全国。

1962年2月，第400家假日酒店在印第安纳州的温森斯开张。凯蒙斯·威尔逊曾向妻子多萝西作出要开办400家假日酒店的预言之后，过了10年就实现了预言。"好啦，把第400家假日酒店开张之事告诉给多萝西，这大概是我一生中最大的乐趣之一吧。"

到1972年，假日酒店公司在各地开设的假日酒店共有1405家，分布在美国的50个州以及20个国家和地区，一年服务的旅客达7200万人。威尔逊的观点是将汽车旅馆办成大众服务，他已经把这个观点转变成了普遍存在的现实。假日酒店已经发展成为世界历史上分布最广，从而也是最为庞大的连锁旅馆。

威尔逊不断去设立自己的目标，不断地尝试实践，又不断地将自己的野心变成了触手可及的现实，赢得了不断的成功。

有志者因为一时的处境艰难而被人瞧不起，甚至被人欺负的时候，他的鸿鹄之志是很可能被人视作是痴心妄想的，也是会成为庸人、闲人的谈笑对象的。

不过，"野心"一词，毕竟还有一层含义，就是对自己的期望过高，能力有限而实际上达不到目标所要求的程度。此外还会因各种外在条件的限制、机遇不好等等，本来有能力却也无法实现目标，本来的雄心，最后沦落得"野"了一点。即便如此，"野"一点也不亏什么。只要能及时发现、及时承认、及时调整，不再一条道走到黑就行。

无论是"野心"还是"雄心"，两个词里头都有点冒风险的意思。谁能在一开始没有奋斗的时候、没有尝试过的时候就知道自己不行？试过了，不行，放弃，一点也不丢人，合情合理，将来也不会后悔。

## 每天自信多一点

当我们有了雄心壮志之后，我们还需要每天鼓励自己，每天重塑和加强自己的信心。这是因为目标的实现、成功的到来从来就不是一个朝发夕至的过程，我们将会遇到别人的非议和不解，遇到不断的失败和打击，面对自己的沮丧和退缩，面对一日复一日的平凡和平淡。所以，为了使自己坚强起来，为了不坠凌云之志，我们有必要每天对自己说："我能行。别人能做到的，我也能做到；别人不能做到的，我也一定能做到。"

球王贝利的名声可谓是如雷贯耳，但是让人无法相信的是贝利曾是一个自卑的胆小鬼。"我为什么总是这样笨？"当时的贝利可远没有后来的潇洒自信。当他得知自己入选了巴西最有名气的桑托斯足球队时，竟紧张得一夜未眠，一种前所未有的怀疑和恐惧使贝利寝食不安。

"正式练球开始了，我吓得几乎快要瘫痪。"他就是这样走进这支著名球队的。第一次教练要让他上场，还让他做主力前锋。贝利紧张得半天没回过神来，双腿好似长在别人身上一样，每当球滚到他身边，他都好像看见别人的拳脚朝他打过来。他就是被逼上场的，而当他一旦迈开双腿，便不顾一切地在场上奔跑起来，他眼中便只有足球了，恢复了自己的足球水平。

事实上，那些让贝利深深畏惧的足球明星们，其实并没有一个人轻视贝利，而且对他还相当友善，如果贝利的自信心稍微强一些，也不至于受那么多的精神煎熬。

如果态度是建立自信的基础，决心就是把态度坚定地纳入生活的技巧。成功学家卡耐基在他的书中、演说中、私人咨询中以及在培训班上把这种说法提出来。"如果我们当真要改进自己，我们就必须养成新的习惯。我们的生活、我们的性格不过是我们习惯的累积，我们的习惯就是我们自己。"卡耐基常常说到美国心理学家和哲学家威廉·詹姆斯的四原则，以帮助人培养新的、理想的习惯：

第一，以我们所能有的全部热忱开始。谈到如何培养新习惯，还没有人提到本杰明·富兰克林，富兰克林在年轻的时候就订出一张表，列出他要自己培养出来的13点特性，他称之为13点美德。他每个星期专心培养一种美德，13个星期以后，再从头开始，一再反复做。他了解习惯只是重复，而重复就是习惯。

我们之中的大多数人，有时候会作很好的决定，但不久就把它忘了，富兰克林不会忘，日复一日地保持了下去。他把这种努力当作一种游戏竞赛，永远不让自己的热忱冷却下去。因此，我们从富兰克林身上学到的第一个原则，就是如果我们想培养新习惯，那我们就得以自己所有的热忱开始，把培养新习惯看成是我们心目中最重要的事。然后新习惯自然会带给我们美好的事物，并不断地提醒我们。新习惯或许会增强我们的健康，或许会增加我们的人缘、收入或我们的自尊。继续利用这些好处提醒自己，直到我们的热忱达到沸点。

第二，抓住每一个机会实现我们的新决定。有一个叫威廉·史丁哈德的人，曾经是个闷闷不乐的人。但是有一晚，威廉·詹姆斯跟他谈到微笑的好处之后，他决定开始学习微笑，而他毫不犹豫地就开始了。

第二天早上他就开始学习微笑。从这天开始，每天吃早饭的时候都能看到他微笑。那天早晨他对他所遇到的每个人微笑，他对那些从来没有看到过他微笑的人微笑，他从中获得了巨大的快乐，

第三，不要放纵自己的失败。我们不能经常对自己的过失和失败说："这一次不算。"不管会不会失败，我们开始做的时候一定要尽全力、想尽所有办法，并进行周密的策划。我们应该以一种必胜的决心开展我们的工作。威廉·詹姆斯教授曾

经指出，一次失足就像把毛线球掉到地上一样。而线球是要花很多时间仔细绕起来的。因此，我们把它掉在地上一次，就要花很多时间才能够再把它绕起来。我们不允许自己用失败的心态去面对我们的工作和事业，因为失败会让我们花费数倍的时间和精力去挽回。而且，一次的失败都可能让我们的心理留下阴影。

第四，烧掉我们后面的桥。凯撒渡过英吉利海峡，领着他的军队登陆在今天叫作英格兰的地方，他就是照这个原则去做的。当然，他烧的不是桥，而是破釜沉舟，把他的船都烧掉了。他告诉他的军队，他们在敌人境内，没有撤退的工具，他们只能够前进、征服，而他们也确实做到了前进、征服。这实际也是要求我们以必胜的信念来面对我们的困难和目标。

梁启超对此曾经有过一段精辟的表达，"凡任天下大事者，不可无自信心，每处一事，既看得透彻，自信得过，则以一往无前之勇气赴之，以百折不挠之耐力持之。虽千山万岳，一时崩溃而不以为意。虽怒涛惊澜，蓦然号于脚下，而不改其容。"

对有志者来说，信心可以克服万难，化险为夷。

1980年5月，一群度假的游客从斐济群岛的威第雷佛出发，一起搭乘一艘长仅四米的机帆船，到离岸15公里的暗礁上旅游。六人在万里无云的南太平洋上，观赏五颜六色的珊瑚，海面平静，晶莹诱人。下午三点钟，他们启程返航，就在笑声不绝的时候，海面突起风浪，将小船打翻，几个人被抛入海中，情势十分危急。

大家惊恐慌乱起来，有人主张游回暗礁，有人建议弃船游回威第雷佛。大家七嘴八舌，各执一词。这时，比尔插话了，他是一个有经验的冲浪救生会会员。他打断了大家的话，坚定地说："最要紧的是我们不要离开船。大家聚在一起还有希望，万一分开，我们只有靠自己的力量，而鲨鱼和海浪随时都会把我们吞吃掉。"

大家听到比尔的话里充满了信心，都接受了他的建议。众人齐心合力把小船翻正，只有舱顶露出水面。这个摇摇晃晃的船体，是他们求生的唯一希望。他们在水里共同推着船前进，同时轮流让大家到舱内休息。比尔说："要紧的是大家采取团体行动，发挥团队精神，保持必能生还的信心。"沉没的船由六个人缓缓向前推着，比尔不断地鼓舞大家，同伴中开始有人不支，只好到船舱里，让别人推着走。经过18个小时的艰苦奋斗，他们最终游回到岸边，死里逃生。

良好的自信心理，使人能够充分相信自己，能够承受各种考验、挫折和失败，敢于去争取最后的胜利。自信心理是后天养成的，是可以通过长时间的努力而加以培养的。对于培养自信，我们还可以采用下面的五个简易的方法来实行。

第一，始终想着自己的优点和长处。许多人在与人交往的过程中总认为，自己没有别人那样聪明、漂亮或灵活，总感到低人一等。其实，那是因为我们没有发掘和表现自己聪明才智的实际作为。如果认识了自己的自我价值、确立了自信、有了积极的自我形象感，那就会积极进取，充分发掘自己潜在的聪明才智，那么成功对我们来说仅仅是时间问题。

第二，全身心地投入到工作当中去。哲人曾说，每一个人都拥有天上的一颗星，在这颗星星照亮的某个地方，有着别人不可替代的专属于我们的事业。因而我们必须百折不挠地找到自己的位置，这需要时间，需要知识、才智、技巧，需要整个心力的成熟发展，不要因为看到别人似乎轻易取得成功而气馁。

第三，时刻想着自己能成功。不少人心中总是出现，"完了，这回又得挨骂了"等负面的想法和心理。由于这样不利的信息每天在脑中闪现，就会削弱自我形象。一个克服这种怯弱自责心理的良好方法是想象。为了取得成功，我们必须在脑中"看"到我们正在取得成功的形象。在脑中显现我们充满信心地投身一项困难的挑战形象。这种积极的自我形象在心中呈现，就会成为潜意识的一个组成部分，从而引导我们走向成功。这种成功的白日梦，是一个能确立成功的自我形象所可以普遍采用的方法。

第四，不要为别人的期待而活着。他人对我们的期望是一种信任的期待，会成为一种前进的动力。但是它有时会成为束缚我们的桎梏。所以，我们不要看到别人成功了，就对自己妄自菲薄，也不要错把人家的期待作为沉重的精神包袱。能真正认识自己的人只有自己，凭我们的知识、经验以及直觉去寻找我们应有的位置。

第五，多交往一些志趣相投、真心相待的朋友。最能增强良好自我形象感的途径是使我们感到生活中充满着爱。这要通过我们的努力去实现，需要我们付出诚心和爱心。向他人贡献我们的友谊，自然会得到他人的关心和帮助，使我们不感到孤立无援，也不再那样害怕失败和挫折。

寸有所长，尺有所短，每个人都要对自己有信心。信心是一种人格特质，也是一种平静稳定的心理现象，更是一个人成就自己的美德。有信心的人，总是显得稳健安定、仪态优雅、从容机智；缺乏信心的人，则惶惑畏惧、优柔寡断。信心是精神生活的舵，它指引我们生活的方向；信心是生活的存储器，它使我们强壮有力、无坚不摧。有大信心者，就会有大成功；有小信心者，只能有小成功；没有信心者，则没有成功。

我们的信心也跟我们的健康一样，需要我们自己每天去呵护、去培养。

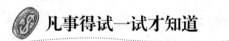

## 凡事得试一试才知道

凡事我们必须经过尝试才知道它的困难和关键所在，才能在下一次的实践中去改进自己的做法，使任务得以完成。同时，更宝贵的是如果我们能够正确面对挫折，挫折将教会我们很多书本上无法学到的东西，并使我们懂得成功的不易，使我们学会谦逊、细致，使自己不被困难压倒，锻炼出坚忍不拔的毅力和不达目的誓不罢休的坚强韧性。这将是人生最大的财富之一。

　　孟子曾有一段对挫折十分经典的阐述，值得我们沉思和咀嚼："夫天将降大任于斯人也，必先苦其心志，劳其筋骨，饿其体肤，空乏其身，行拂乱其所为，所以动心忍性，曾益其所不能。"人，往往会在自己的条件难以企及目标时就轻易放弃，却忽略了一点——哪怕在过程中遭遇失败，也会有意料不到的收获，甚至可能改变自己的一生，关键在于我们是否能坚持，是否从中学习到了足够的经验，得到了磨砺。

　　这是发生在上海浦东新区的一个真实的应聘小插曲。

　　曾经有个年轻人，在偶然路过微软上海分公司的门口时突发奇想，决定进去应聘。当他进去的时候，金发碧眼的洋总经理一时愣住了没反应过来，因为公司并没有刊登过招聘广告。见总经理疑惑不解，年轻人使用并不流利的英语解释说，自己是碰巧路过这里，所以就贸然前来应聘。

　　总经理终于明白了，并颇感新鲜，心想莫非对方真是个人才？便笑着说："那今天就破例一次，现在就开始面试吧！"

　　然而面试的结果却出乎总经理的意料。对总经理来说，这是他在微软任职以来经历过的最糟糕的一次面试。年轻人的中专学历与微软所要求的本科学历不符，他对软件编程也只略知皮毛。对于总经理提出的许多专业性问题，年轻人要么答非所问，要么根本就回答不上来，面试中双方几次陷入僵局。面试结束，总经理显得很失望，他对年轻人说："要知道微软公司人才荟萃，从高级管理到专业技术人员，都堪称业界精英。微软的大门不是能够轻易叩开的。"正当总经理要回绝他时，年轻人说："对不起，这次我是因为事先没有准备。"总经理认为他只是找个托词下台阶，便也随口说道："那好，我给你两个星期做准备，等你准备好了再来面试。"

　　回去后，年轻人去图书馆借了计算机编程方面的书，然后足不出户地在家昼夜苦读。两周后，年轻人果然又去见总经理。总经理没有想到对方竟真会再次前来面试，只得兑现当初的承诺，再次见他。

第二次面试，年轻人对总经理提出的相关专业问题已基本能应付下来。不过他却仍没有通过面试，因为凭他掌握的编程知识与微软所要求的软件工程师水平实在相差太远了。但在总经理眼里，在两周里能有如此大的进步对于眼前这个年轻人已经是很不容易了。面试结束后，总经理建议性地问道："不知你对微软的其他岗位是否感兴趣，比如销售部门。"年轻人接受了建议，于是总经理又给了他一周时间去准备。

离开微软后，年轻人去书店买了一摞有关营销方面的书，又一次埋头苦读一周。可令人感到晦气的是，一周后，年轻人虽然在销售知识方面进步不小，但他却仍没能通过面试。

无奈之下，总经理只能歉意地摇头，并问年轻人为何偏要应聘微软呢？谁知年轻人的回答却令洋总经理瞠目结舌，他说："其实我并非只想应聘微软。我也知道微软录用人苛刻，我只是想哪怕不行，好歹也积累了一定的应聘经验。"总经理哑然，这个年轻人的说法着实让他大感意外。

结果为了应聘，年轻人总共在微软面试了五次，前后共用去两个多月的时间，而总经理也破天荒地给了一个普通的中国小伙子五次机会。

在第五次面试时，年轻人没有回答任何问题。因为当他第五次跨进总经理办公室时，总经理已经对他宣布，其实在第三次面试时他就已经成为微软的一员了。洋总经理解释说，在年轻人勇敢不懈尝试的过程中，微软也同时发现了一个有发展潜质的不可多得的人才，尽管他没有本科文凭，但他的执着著和接受知识的能力不容怀疑，微软的未来就在这种年轻人的身上。不久，年轻人就得到了微软的重点培训。

挫折是对人信心的无情打击，但同时它也是一位严厉的老师，教我们应该如何去做人，怎样去做事。

　　小郑是北京广播电视学院的毕业生，几年的学习生活让他对未来充满了幻想，想想就觉得美得不得了——背着个摄像机，天南地北地跑，西藏、新疆、云南……在梦里他都会笑醒。

　　小郑如愿以偿地成了一家电视台的摄像。可惜，领导似乎总是对他很不放心，大部分的时候他都是跟着一个姓李的老摄像屁股后面跑。偶尔，李摄像会让他摸摸摄像机，拍的也不过是几个可有可无的镜头，回来后多半都会被剪掉。尤其让小郑不满的是，他听说李摄像在扛摄像机之前是台里的司机，扛机器的时候像抱着方向盘。让他跟这个人学摄像，小郑感到无趣极了。

　　小郑打电话回家，告诉家里人想离开电视台。爸爸妈妈没有别的交代，永远是一副老腔调："在单位好好听领导的话，凡事多向老同事学习，和同事好好相处。新人到单位总是要适应一段时间的。"小郑也不愿跟家里多说什么了，于是偷偷地和在北京那边电视台工作的同学联系，让他们帮忙在那儿找一份工作。那个时候，小郑表现得似乎对什么都满不在乎，他也随时准备抬腿走人。

　　一次，一位著名学者来到他所在城市的一所高等学府开讲座。这位学者是个让小郑自读书时起就很敬仰的人，为人一向低调，不愿接受任何媒体的采访。李摄像却很执着，一直蹲在报告厅的门口等他。突然，李摄像胃疼得厉害，小郑便劝他回去算了，反正其他媒体也没有采访到他。况且，那学者的为人是圈内人众所周知的"不合作"。

　　时间一分一秒地过去，那位学者终于出来了，而李摄像早已疼得满头大汗。或许是李摄像的模样感动了学者，学者决定请他们到饭店去采访。李摄像坚持着拍了几个镜头，最终疼得直不起身子，实在撑不住了。李摄像很严肃地对小郑说："小郑，这回全看你的了。别紧张！"他像一个即将倒下的战士把枪交到战友手中一样把摄像机交到了小郑的手上。他还给了小郑一把有椅背的椅子，把摄像机架在了椅背上，这样拍出来的画面就不会晃了。

小郑对于李摄像认真负责的工作态度十分感动，却也暗笑他竟这样怀疑一个堂堂广播电视学院毕业生的能力。

李摄像和学者随意地聊着，谈话很投机，颇有一点相见恨晚的味道。学者甚至还同意他们和他一起到机场，拍摄他和这个城市告别的情形，这绝对是独家新闻。终于拍完了，小郑甩了甩有点酸痛的手腕，胜利凯旋。

小郑兴冲冲地到台领导那儿报了喜，两位主任听后直夸赞他们。

当小郑满怀自信地把录像带插到了编辑机里，放出片子的时候，小郑一下子就傻了。那个学者在机场的那段被他拍得脸色通红。这时，他才想起自己忘记调"白平衡"了。更糟糕的是，他的头被小郑拍得削掉了四分之一，只剩了半个额头。小郑吓得直冒冷汗，李摄像也愣在那里，领导在一旁脸色铁青。

李摄像赶忙对领导说："都是我的错，我没有给小郑说清楚。"小郑羞愧无比，面红耳赤，连声说："对不起，对不起。"直到领导都已走开，他还一直傻站在那里。

幸好李摄像前面自己拍了一些镜头，再加上他那高超的剪辑技术，那条片子最终还是播发了，只是学者很多精彩的谈话都没有办法用。

后来，同学真的在北京帮小郑找到一家愿意录用他的电视台，但他毫不犹豫地拒绝了，而是每天安心地跟在李摄像后面学习各种拍摄技巧。

几年后的今天，小郑已成了台里的"首席摄像"。他也去过了西藏、新疆、云南……

每当小郑受到领导嘉奖时，便会不由自主地想起那次可笑的失败经历。而小郑也真的很庆幸自己有那么一次失败，否则，可能他不会有现在的这些荣耀和成功。

挫折并不可怕，可怕的是从此一蹶不振。相反，我们应该感谢生活中的诸多困难，是它们让我们变得清醒和成熟，让我们获得成功的必备素质，让我们懂得珍惜来之不易的成绩，善待我们周围的人。

挫折是一剂良药，它有着"良药苦口利于病"的功效。你也许遇到过什么重大挫折，那时你会很悲伤，但你是否觉得软弱不是办法？这时你就应该抬起头来，向生活挑战，你会惊讶地发现，挫折不过如此。

挫折是人生道路上的基石，没有经历坎坷，怎能认识到坦途的平稳，而没有基石，又怎会有坦途。

请相信，挫折只是对意志的考验，只要有坚强的意志，就一定能登上成功的顶峰。

只有善待挫折，你才能在逆境中学会生存，才会历经苦难而事业成功。

## 🌀 做自己情绪的主人

社会是一个多元化环境，是一个包含各种人、各种事物、各色形态生活的大舞台。作为社会中的一个成员，生活在社会中，我们要懂得的是"人生不如意事十常八九"。因为绝大多数人是无力去改变社会的运转方式的，更无法让社会因我们而变，为我们服务。我们只能首先学习如何去适应社会、取得成功。因此我们必须控制自己的情绪，理智地、客观地处理问题。

自律、自制并不等于压抑，相反，积极的情感可以激励我们上进，加强与他人之间的交流与合作。成功的人应是能调控自己情绪的人。应该说，这不是一件非常容易的事情，因为我们每个人心中永远存在着理智与情感的斗争。自我控制、自我约束也就是要求一个人按理智判断行事，克服追求一时情绪满足的本能愿望。一个真正具有自我约束的人，即使在情绪非常激动时，也能够做到这一点。

1980年美国总统大选期间，里根在一次关键的电视辩论中，面对竞选对手卡特对他在当演员时期的生活作风问题发起的蓄意攻击，丝毫没有愤怒的表示，只是微微一笑，诙谐地调侃说："你又来这一套了。"一时间引得听众哈哈大笑，反而把卡特推入尴尬的境地，从而为自己赢得了选民更多的信赖和支持，并最终获得了大选的胜利。

20世纪80年代，加拿大前总理特鲁多在下台后向邓小平请教复出的"秘诀"，邓小平的答案是"忍耐和信仰"。正是凭着这个"秘诀"，邓小平三次被打倒，三次复出，而且一次比一次获得了更大的成功，被西方人称为"打不倒的东方小个子"。忍，可以顶得住任何砖石的磨砺，可以经得起任何风雨的冲击。

忍，是一种韧性的战斗，是一种永不败北的战斗策略，是战胜人生危难和险恶的有力武器。正是这个"忍"字，使一度被打倒的邓小平再度复出，也正是这个"忍"字，教会了加拿大那位前总理人生的秘诀，使他在下台以后又重新焕发了政治生机，重新获得了总理的宝座。

情绪的控制最突出的表现为对挑衅、侮辱的忍让，表现为对愤怒的克制。所谓"忍字头上一把刀，遇事不忍祸先招。"不懂得忍，就只有被刀刃割伤，落个两败俱伤。

中国人向来提倡"以忍为上""吃亏是福"，这是一种玄妙的处世哲学。常言道：识时务者为俊杰。所谓俊杰，并非专指那些纵横驰骋如入无人之境，冲锋陷阵无坚不摧的英雄，而应当包括那些看准时局，能屈能伸的处世者。

善于控制自己情绪的人才能不被仇恨、恐惧、贪婪、忌妒等等不良情绪蒙蔽，才能泰山崩于前而面不改色；恶语相加，却心静如一；金钱色诱，仍能冷淡应之。这样的人才能做大事，成大业。

西汉的开国功臣张良年少时因谋刺秦始皇未遂，被迫流落到下邳。一日，他到沂水桥上散步，遇一穿着短袍的老翁，近前故意把鞋扔到桥下，然后傲慢地差使张良说："小子，下去给我捡鞋！"张良愕然，不禁拔拳想要打他。但碍于对方是一位长者，不忍下手，只好违心地下去取鞋。老人又命其给他穿上。涉世不深、心怀大志的张良，对此带有侮辱性的举动，居然强忍不满，膝跪于前，小心翼翼地帮老人穿好鞋。老人非但不谢，反而仰面长笑而去。张良顿感莫名其妙，呆呆地看着老人离去。谁知，一会儿老人又折返回来，对他赞叹说："孺子可教也！"然后让张良五天后凌晨在此再次相会。张良迷惑不解，但反应仍然相当迅捷，跪地应诺。

五天后，鸡鸣之时，张良便急匆匆赶到桥上。不料老人已先到，并斥责他："为什么迟到，再过五天早点来。"第三次，张良半夜就去桥上等候。他的真诚和隐忍博得了老人的赞赏，这才送给他一本书，说："读此书则可为王者师，10年后天下大乱，你用此书兴邦立国。13年后再来见我。我是济北穀城山下的黄石公。"说罢扬长而去。

张良惊喜异常，发现黄石公送给他的是一本《太公兵法》。从此，张良日夜诵读，刻苦钻研兵法，俯仰天下大事，终于成为一个深明韬略、文武兼备、足智多谋的"智囊"。

在我们做的事情当中，有许多都受到感情的影响。由于我们的感情可为我们带来伟大的成就，也可能使我们失败，所以，我们必须控制自己的感情，首先应该做的是了解对我们有刺激作用的感情有哪些？我们可将这些感情分为七种消极和七种积极的情绪。

七种消极情绪为：1.恐惧、2.仇恨、3.愤怒、4.贪婪、5.嫉妒、6.报复、7.迷信。

七种积极情绪为：1.爱、2.性、3.希望、4.信心、5.同情、6.乐观、7.忠诚。

以上14种情绪，正是我们人生成功或失败的关键。它们的组合，既能意义非凡，又能够混乱无章，而这结果完全由我们来决定。这些情绪实际上就是个人心态的反映，而心态是我们可以组织、引导和完全掌控的对象。

为了达到组织、引导和掌控的目的，我们必须控制自己的思想，我们必须对思想中产生的各种情绪保持警觉性，并且视其对心态的影响是好是坏而接受或拒绝。乐观会增强我们的信心和弹性，而仇恨会使我们失去宽容和正义感。如果我们无法控制自己的情绪，我们的一生将会因为一时的情绪冲动而受害。

每个人都有情绪低落或不佳的时候，但如何调节，这就需要一些简单、有效的方法：

第一，自我控制。锻炼坚强的意志，能够在一定程度上直接控制自己的情绪，克服不良情绪的影响，平时要注意培养自制力，采取一些方法来克制自己的情绪。比如有人每当生气时，就在心中暗诵26个字母以制怒。俄国著名作家屠格涅夫与人吵嘴时，就把舌尖放在嘴里转十圈，以使心情平静下来。

第二，自我转化。有时，突然产生的不良情绪是不易控制的，这时，必须采取迂回的办法，把自己的情感和精力转移到其他活动中去，使自己没有时间可能沉浸在这种情绪之中，从而将情绪转化。德国生物学家海克尔结婚只有两年，爱妻不幸死去，他痛苦得近于发疯。后来海克尔忘我地投入了工作，在工作中摆脱了痛苦情绪的纠缠。他每天只睡三到四小时，工作18小时，一年之内就写出了一部1200页的大著作——《生物形态学概论》。

第三，自我发泄。消除不良情绪，最简单的办法莫过于使之"宣泄"。切忌把不良心情埋于心底，"隐藏的忧伤如熄火之炉，能使心烧成灰烬"。如果我们到了悲痛欲绝或委屈至极时，就放声大哭一场，这会让人感到轻松舒服些。当心中有了烦恼，我们可以向至亲好友倾诉，求得安慰和同情，心里也会好过点。

第四，自我安慰。没有一种惩罚比自我责备、自我懊悔更为痛苦的了。过去的事情就让它过去吧，对往事耿耿于怀是毫无作用的，因为我们无力改变过去，重要的是吸取教训。如果我们遇到了不幸与挫折，我们不应该灰心丧气，应当高兴地想到："事情原本可能更糟呢。"

第五，暂时避开。当情绪不佳时，我们可以选择暂时避开一下，去看看电影、打打球，或者随便走走，游山玩水。改变环境，离开使我们心情不快的地方，能改善我们的自我感觉，使身体和心情都得到放松，以利于不良情绪的消除。

第六，幽默疗法。幽默与欢笑，是情绪的调节剂，它能给极度恶劣的情绪一个缓冲。幽默给人以快乐，快乐使人发笑。美国纽约大学教授塞尔发现，笑可以驱散心中的积郁。一位苏联心理学家认为，会不会笑是衡量一个人能否对周围环境适应的尺度。当烦恼时，我们可以想些有趣而引人发笑的事情，可以讲讲幽默的笑话，读读幽默小说，看看连环漫画，这样可以帮助我们排遣愁闷。

第七，广交朋友。古罗马著名思想家赛罗认为："天下最愉快的事莫过于交互相亲爱、互相扶助的朋友。"青年人应该积极做人，广交朋友，特别是与心胸宽阔、性格开朗的青年交朋友，这样能使我们度过快乐的时光。

第八，热爱工作。社会学家约得森·兰特斯的统计和研究表明，大部分人在身闲无聊的时候不是感到快乐而是感到烦恼和不快。而忙碌的人，则往往是最快活的人。一些在事业上有卓越成就的人在回忆一生的经历时，常常觉得最快活的时光是在艰苦工作的时候。请重视并喜欢自己的工作吧，这是我们防治情绪病的良药。

## 让压力"到此为止"

猎豹如果没有生存的压力，肯定不会成为世界上跑得最快的动物。因为，同样为了活命，它的主要猎物之一的非洲羚羊与猎豹的速度难分伯仲，它们都是数一数二的短跑能手。同样，人如果没有压力，可能会变得一事无成，甚至难以在社会上立足。

但在实际学习、工作、生活中，我们感觉更多的是压力太大太多，不善应付的人往往被压得整天抬不起头来，甚至选择放弃和逃避。

曾经有一位江苏省的高考状元，他的成功经验并不是"头悬梁，锥刺股"，把所有的时间都用在学习和练习上。相反，每天傍晚，他放学后做的第一件事情是放下书包，在篮球场上和伙伴们打一场比赛。而且从他读高中开始，这个习惯几乎从不间断，直到高考的前两天，他都要在场上打一个小时的篮球。他总结自己的成绩时说，我没有太多的压力，我要做的就是在计划的时间内把课上好、把题做好、把课程复习好，然后，在其余的时间玩好、休息好。

对付工作、学习中的任务压力最好的办法是将其一一分解，然后逐个彻底地解决。

但对大多数人而言，在各种压力中，情绪压力的"杀伤力"最大。一个人很少会因劳累而死，却可能因心理不堪重负，积郁而死。对于每个人来说，压力都是避免不了的，但情绪和态度是可以改变的。我们应该采取一些方法来缓解心理压力，摆脱忧虑和郁闷的情绪。

第一，让生活变得简单，一次只做一件事。

我们可能要做很多事情，而且还有很多工作等我们去一一完成。但我们的思想却不允许我们一心多用，我们的身体也不可能无限透支。如果我们能像那位高考状元一样，在计划的时间内把应该做的事情做好，不要心神不定、左思右想就可以了。

我们应该学会规划自己的时间，将一些对自己前途、健康有益的事情纳入到自己的时间安排当中，然后逐一去完成它。我们会发现，原来事情都挺简单的。

第二，不要让一些琐碎的事情变成自己的心理包袱。

人活在世上只有短短几十年，却浪费了很多时间为一些小事发愁，是愚蠢至极的表现。人们一般都很勇敢地面对生活中那些大的危机，却常常被一些小事搞得垂头丧气。实际上，要想克服一些小事引起的烦恼，就应该从心理上抛弃它，忽视它的存在。

荷马·克罗伊在写作时常常被纽约公寓热水器的响声吵得心烦意乱，使他无法工作，甚至无法入眠。后来，有一次他和几个朋友出去露营。当他听到木柴烧得很旺时的响声，他突然想到这些声音和热水器的响声一样，为什么自己会喜欢这个声音而讨厌那个声音呢？回来后他就告诫自己火堆里的烤木柴声很好听，热水器的声音也差不多，自己完全可以蒙头大睡。后来他完全适应了这种声音。

其实很多小忧虑也是如此，我们都夸张了那些小事的重要性，结果弄得整个人很沮丧。我们经历过生命中无数狂风暴雨和闪电的袭击，可是却让忧虑的小甲虫咬噬，这真是人类的可悲之处。

生命太短促，不要让自己为一些应该丢开和忘掉的小事烦恼。

第三，不要太过担心，结果很可能不是那么糟糕。

当我们为某事担心时，最好想想它发生的概率是多少。如果我们根据概率评估一下我们的忧虑究竟值不值得，我们的忧虑十有八九就会自然消除了。

当我们为未来的事情感到压力时，就根据概率问问自己现在担心会发生的事，可能发生的几率究竟有多大。

第四，对不完满的事情要顺其自然，学会接受。

在漫长的岁月中，我们不可避免地会碰到一些令人不愉快的情况。它们既然已是这样，就不可能再变化。可我们的想法和心态，却可以有所选择。我们可把它们当作一种不可避免的情况加以接受，并适应它。杨柳承受风雨，水接受一切容器，我们也要学会承受一切事实，欣然接受既成的事实。

但这并不是说，碰到任何挫折时，都应该低声下气。相反，不论在哪种情况下，只要还有一点挽救的机会，我们就要为之奋斗。但如果事情是不可避免的，而且也不可能再有任何转机。那么，为了保持理智，我们就不要左顾右盼，无事自忧，而应该接受事实。

没有人能有足够的情感和精力，既抗拒不可避免的事实，又创造一种新的生活。我们只能选择一种，或者生活在那些不可避免的暴风雨之下弯下身子，或者抗拒它而被折断。日本的柔道大师教育他们的学生，要像杨柳一样柔顺，不要像橡树一样挺直。这也正如汽车的轮胎，正因为它可以接受路上所有的压力，可以承受一切，才能在路上支撑那么久。

如果我们在多难的人生旅途中，也能承受各种压力和所有的颠簸，我们就能活得更长久，能享受更顺利的旅程。而如果我们一味地去反抗生命中所遇到的挫折的话，就会产生一连串内在的矛盾，我们就会忧虑、紧张、急躁而神经质，直到被压垮。

第五，让压力"到此为止"。

林肯就是这样一个终止压力的优秀典范。美国南北战争时，林肯的几位朋友攻击他的一些敌人，林肯却说："他们对私人恩怨的感觉比我要多，也许我的这种感觉太少了吧。可是，我一向认为这很不值得。一个人实在没有必要把他半辈子的时间都花在争吵上。如果那些人不再攻击我，我也就不再记他们的仇了。"

获得内心平静的秘诀之一就是要有正确的价值观念。

任何时候，想拿钱买东西或为生活付出代价，都要先停下来，用下面三个问题问问自己——现在正担心的问题和我自己有什么关系？在这件令我忧虑的事情上，我应在何处设置"到此为止"的最低限度，然后把它整个忘掉？我到底该付这个"东西"多少钱，我所付的是否已超过了它的价值？

第六，不要为过去的错误耿耿于怀。

不要为打翻的牛奶而哭泣，是老生常谈，却是人类智慧的结晶。当我们在为那些已经过去的事而不肯释怀的时候，不过是在做一些徒劳无益的事，唯一的后果就是给自己徒添心理负担。

佛烈德·富勒·须德曾经向学生提问："有谁锯过木头？"大部分学生都举

了手。他又问："有谁锯过木屑？"没有一个人举手。"当然，我们不可能锯木屑。"须德先生说，"过去的事也是一样。当你开始为那些已经做错的和过去的事忧虑的时候，你就是在锯木屑。"

有了错误和疏忽是我们的不对，可是"人非圣贤，孰能无过？"最重要的是我们要吸取错误的教训，然后再把错误忘掉。聪明的人永远不会为自己的损失而悲伤，却会很高兴地去找出办法来弥补损失。

面对压力，应学会分解、消除，不要让它变成一种沉重的负担。而所谓的压力，更多地来自我们自身的心理作用，来自对过去的懊悔，对未来的担忧。人性中最可怜的一件事就是我们所有的人都梦想着天边奇妙的玫瑰园，而不去欣赏就开在我们窗口的玫瑰。而现在是我们唯一能把握和需要把握的——很简单，把现在该做的事情做好。简单即会快乐，这才是生活的真谛。

## 要有坚韧不拔之志

达成理想的目标，无疑是大多数人梦寐以求的，于是千军万马向目标挺进，但是真正到达成功巅峰的人总是为数不多，其主要原因就在于我们中的大多数人没有持之以恒地向自己的目标挺进。

成功从来就不是一条坦途。在理想和现实之间，还有太多"不可能"的事情在挑战我们的勇气和信心，有太多的未知使我们的心智感到惶惑不安，也有一些更容易实现的"变通"让我们动摇，还有无法预期的成功距离让我们无望和退缩。

孙中山说："人不惟有超世之才，亦必有坚韧不拔之志。"

从古至今，欲成大器者无不是面对无数的考验、时间的煎熬，仍然矢志不移的。成功者与失败者的最大区别就在于对目标顽强的意志力。强者能用顽强的意志战胜困难，而弱者总是被困难所战胜。

多少个世纪以来，天花是死神忠实的奴仆。它的黑影在哪里出现，哪里就会十室九空，哪里就会哀声不绝。人们对它毫无办法，只能束手待毙。而战胜天花病毒的爱德华·琴纳医生则像勇士一样和人类的死敌进行了顽强的搏斗，用毕生的精力换得了人类的幸福和安宁。琴纳医生曾说过："天花再可怕，我也要战胜它！"但事实上，琴纳要面对的不仅是可怕的病毒，还有许多世俗的偏见和愚蠢。

在战胜天花这条路上，琴纳历经了无数坎坷，他的许多同伴不但不帮助他，而且还讽刺他是一个无知的疯子；他的许多重大发现不但不被医学会所承认，还要因此把他开除出学会。而琴纳医生则以其坚韧的品质支撑着自己，不顾同行的嘲笑，学会的威胁，坚持不懈地寻找战胜天花的方法。在牛痘实验中，琴纳医生度日如年。但不论遇到多大困难，琴纳都以他的坚韧和智慧突破了一个个关口，最终以科学真理和事实说服了反对自己的人。琴纳用自己坚韧不拔的意志战胜了天花病毒，挽救了无数人的生命，成为名垂青史的医生。

这个世上只有两条路能通往成功的目标并成就伟大的事业，那就是权力和坚韧。权力并不属于大多数人，它是少数人的特权；然而，即便是最不起眼的小人物，也可以拥有吃苦耐劳的坚韧品质。坚韧从来不负众望，因为它沉默的力量将随着时间的推移一天天壮大，直到所向披靡无以抗拒。

在耶鲁大学上学期间，弗雷德·史密斯产生了一个创新性的航空货运理念，他认为这个想法必然会使人们发送和接收邮件包裹的方式发生翻天覆地的变革。于是，在经济学课程的期末论文中，史密斯提出了自己的想法。这个天才的想法最终得了几分呢？满分吗？结果令人伤心，教授打回了史密斯的论文，封面上有一个红笔写的硕大的"C"："理念很有趣，也很严谨，但是，如果你想得到高过"C"的成绩的话，就不要写这些不可行的事情了。"成绩虽让人沮丧，但是，史密斯始终坚持，并终于募集到了7200万美金的贷款和证券投资。他几经挫折和失败，并在头几年的经营中遭受了巨大的损失，1975年，史密斯终于迎来了近两万美元的盈利。史密斯的坚韧不拔终于有了回报。今天，他的富有远见的公司在全世界210个国家中开展业务，员工超过14万名，日处理邮件量超过300万件。作为联邦快递公司的创始人和首席执行官，弗雷德·史密斯的坚韧和对梦想不懈的追求，终于在自己"不可行"的想法基础上开创了一个价值70亿美元的跨国企业。

坚忍的毅力和精神的磨砺是成功的必要素质和代价，而失败则是放弃的唯一答案。

一位高中橄榄球队的教练，试图激励自己的球队度过战绩不佳的困难时期。在赛季过半的时候，他站在队员们面前训话："迈克尔·乔丹放弃过吗？"队员们回答道："没有！"

他又提高声音，喊道："怀特兄弟呢，他们放弃过吗？""没有！"队员再次回答道。

"约翰·艾威扔过毛巾吗？"队员们又一次高声回答道："没有！"

"那么，埃尔默·威廉姆斯怎样，他放弃过吗？"

队员们长时间地沉默了。终于，一位队员鼓足勇气问道："埃尔默·威廉姆斯是谁呀？我们从来没有听说过他。"教练不屑地打断了队员的提问："你当然从来没有听说过他，因为他放弃了！"

不论我们的目标是什么，也不论我们的目标是不是成为职业运动员，发明某项新产品，或是开创一家数百万美元的公司等等那样的远大，还是那些诸如减肥10斤，或是清偿信用卡的负债等等那样的"渺小"，只要我们坚韧不拔地向着目标前进，"坚持、坚持、再坚持"，就一定能抵达最后的成功。